西南喀斯特地区生态修复与农户生计可持续发展研究

张军以 著

科学出版社

北京

内 容 简 介

  本书是对西南喀斯特地区生态修复建设及其对农户生计发展影响问题的梳理总结,以贵州省典型土地石漠化综合治理区为重点研究区域,同时对滇、桂、渝等中国西南喀斯特八省(区、市)部分生态修复建设区乡村进行了调查研究。本书通过实地调研、问卷调查等方法,分析以退耕还林还草、土地石漠化综合治理为代表的生态修复建设的基本情况及其对农户生计转型发展的影响,解析生态修复建设对农户生计转型发展的影响作用,以及受生态修复建设影响农户生计转型发展、生计重建的基本过程,分类解析农户生计转型发展与乡村转型发展的驱动力,最后通过对典型案例的深入分析,结合研究结果,针对不同喀斯特地貌区提出农户生计转型可持续发展与乡村发展导向模式、路径与对策建议等。

  本书可供从事西南喀斯特地区生态修复建设、农户生计转型发展与乡村转型发展等方面工作的科技工作人员及有关高等院校师生阅读参考。

图书在版编目(CIP)数据

  西南喀斯特地区生态修复与农户生计可持续发展研究 / 张军以著. —北京:科学出版社,2022.9

  ISBN 978-7-03-072823-4

  Ⅰ.①西… Ⅱ.①张… Ⅲ.①喀斯特地区-生态恢复-研究-西南地区②农业经济发展-研究-西南地区 Ⅳ.①X171.4②F327.7

  中国版本图书馆 CIP 数据核字 (2022) 第 141942 号

责任编辑:郑述方 / 封面校对:彭 映
责任印制:罗 科 / 封面设计:墨创文化

科 学 出 版 社 出版

北京东黄城根北街16号
邮政编码:100717
http://www.sciencep.com

成都锦瑞印刷有限责任公司 印刷

科学出版社发行 各地新华书店经销

*

2022 年 9 月第 一 版 开本:B5 (720×1000)
2022 年 9 月第一次印刷 印张:11 1/4
字数:226 800

定价:108.00 元

序

　　以云贵高原为中心的我国西南喀斯特地区的生态系统退化突出表现为土地石漠化，其根本原因是生态脆弱性，但近现代以来人口增长和经济发展滞后引发对土地的压力却是主要驱动力，使这个地区陷入"生态脆弱—土地生产力低下—人口贫困—掠夺土地—土地退化"的恶性循环。因此，生态修复和生态建设必须以消除贫困为前提。从这个意义上看，《西南喀斯特地区生态修复与农户生计可持续发展》一书，确实抓住了问题的关键。

　　西南喀斯特地区农户作为乡村社会独立的经济决策的基本单元，其生计发展严重依赖耕地等自然资源，这种依赖性成为区域生态环境演变的主要驱动力。20世纪80年代以来，国家相继实施了天然林保护工程、退耕还林还草工程、土地石漠化综合治理工程等生态修复工程，采取了生态补偿、生态移民、农业结构调整、农户生计和生活能源替代、水资源调蓄与高效利用、土壤水分/养分优化利用与调控及漏失阻控、退化植被群落生态修复与优化配置、林下植被管理与复合经营等生态修复措施。这些工程和措施的实施如何影响农户的生计发展？现行生态补偿结束后农户是否会重新开垦土地从而再次驱动生态环境退化？认识和解决诸如此类的问题，是实现西南喀斯特地区生态修复、生态修复成果巩固以及农户生计升级转型和乡村可持续发展的重要前提条件。

　　该专著以西南喀斯特地区退耕还林还草工程、石漠化综合治理工程等生态修复工程和综合治理措施对农户生计转型发展的影响以及农户的适应性响应为关键科学问题，以认识生态修复影响下农户的生计发展及替代性生计建设为主要目标；以贵州省典型喀斯特生态修复治理区为重点，同时选取滇、桂、湘、鄂、渝、川等省（区、市）相关地区的部分村寨，通过实地调研、参与式农户评估、问卷调查、村干部访谈等方法，获取了大量第一手资料，对生态修复和生态建设对农户生计转型发展的影响进行了较全面的分析，特别深入剖析了贵州省生态修复建设区石漠化综合治理对农户生计转型发展的具体作用；在这些认识的基础上，分别从农户与乡村层面提出了针对喀斯特不同地貌区的发展导向模式、路径与对策建议。

　　该书是作者在主持国家社会科学基金项目的结题报告基础上补充修订的结果，同时也充分借鉴了其他地区乡村、农户生计转型发展研究的部分优秀成果。作者以生态建设过程中农户生计的可持续发展为主线，对生态修复与农户生计可持续发展所涉及的方方面面问题，做了系统的论述，提供了一个生态修复与农户生计可持续发展研究的好案例。

我国经过持续的土地石漠化综合治理和社会减贫工程，现在已遏制了西南喀斯特地区石漠化的蔓延，生态明显改善。*Nature Sustainability* 2018 年发表了我国喀斯特石漠化综合治理的评估结果：石漠化面积由 2005 年的 12.96 万平方公里减少到 2016 年的 10 万平方公里；与治理前比较，植被生物量增加速度提升 2 倍，植被覆盖度提高 7%，植被生物固碳量增加 9%。*Nature* 随即发表长篇评述，指出"中国正在变得更绿"，进一步肯定我国西南喀斯特地区植被恢复的积极成效。与此同时，西南喀斯特地区也全面消除了绝对贫困，打破了上述恶性循环。这个成就堪称"奇迹"，其经验值得我国其他地区乃至全世界借鉴。该书可看作对其中部分经验和做法的梳理和总结，是为序。

蔡运龙

2021 年 6 月 22 日

前　言

中国喀斯特面积(含覆盖型喀斯特)约为 344 万平方公里，其中西南喀斯特地区仅地表喀斯特出露面积就达 45.2 万平方公里，是全球喀斯特分布最集中的地区之一。西南喀斯特地区地形破碎，喀斯特地貌发育强烈，水土流失严重，生态环境极为脆弱，是我国八大典型生态脆弱区之一。西南喀斯特生态脆弱区属南亚热带—中亚热带—北亚热带气候区，气候温暖湿润，雨热同季，加之纯碳酸盐岩大面积出露，喀斯特作用发育强烈，地形陡峻而破碎，地表地下双层喀斯特地貌发育良好，地表水、地下水交换迅速，形成了复杂多样的水平、垂直生境。碳酸盐岩淋溶需要持续较长的时间，而西南地区多数碳酸盐岩酸不溶物含量一般不超过 10%，淋溶残留物少导致成土速率极低[1]，土层浅薄且不连续。西南喀斯特地区绝大部分植被具有普遍的嗜钙特性，同时由于土壤营养物质较为缺乏，西南喀斯特地区植被生长相对缓慢。对贵州茂兰国家级自然保护区的森林群落生物总量的监测显示，每公顷的森林生物总量仅为 168.62 吨[2]，远低于同纬度相似气候地区的森林生物总量，导致西南喀斯特地区植被系统自我恢复能力差，敏感性强，易受外界干扰且受破坏后极难恢复。西南喀斯特地区地形破碎及强烈的喀斯特作用导致环境基底在水平及垂直空间上小生境具有高度异质性[3]。同时，成土速率极慢，土层浅薄且不连续，土壤水分含量具有高度时空异质性，土壤养分易流失[4]，加之过度砍伐林木以及历史原因等导致植被覆盖率低，造成严重的水土流失，山体滑坡、泥石流等灾害频繁发生，从而触发了以土地石漠化、植被系统退化等为代表的生态环境退化问题。

贵州省山地丘陵面积约占全省总面积的 92.5%，属于典型的山地省份，是我国唯一没有平原支撑的农业大省。贵州省地处西南喀斯特的腹心地带，是我国喀斯特地貌最发育、土地石漠化面积最大的省份。据 2012 年国家林业局(现国家林业和草原局)发布的《中国石漠化状况公报》数据显示，贵州省在西南喀斯特地区八省(区、市)中石漠化土地面积最大，为 302.4 万公顷，占西南喀斯特地区石漠化总面积的 25.2%；同时，贵州省潜在石漠化土地面积也居全国之最，为 325.6 万公顷，占潜在石漠化土地总面积的 24.5%，人多地少，又是少数民族聚居区，人地矛盾突出。西南喀斯特地区人类不合理活动的干扰，导致生态系统退化严重，主要表现为水土流失、喀斯特旱涝灾害、植被退化、土地石漠化等，乡村社会经济发展水平落后，"喀斯特贫困"现象严重，而生态系统的退化更进一步增大了区域发展的障碍。促进乡村社会经济发展，加快农户生计升级转型，遏制土地石漠化进程并修复退化的生态环境就成为实现区域可持续发展的重要前置条件之一。为此国家投入了大量的资源，对西南喀斯特地区以土地石漠化为代表的生态环境退化问题进行了综合治理修复，以遏制生态环境退化，促进区域社会经济可持续发展。

2019 年贵州省人均地区生产总值为 46433 元，在全国各省份中排名第 25 名；乡村人口为 1846.98 万人，占全省总人口的 51%，乡村人口占比大，城镇化水平低；同期全省人均收入只有 20397 元，仅为全国平均水平的 66%，尤其是武陵山区、黔西北(毕节-六盘水)乌蒙山片区和黔南两山(麻山和瑶山)片区等地的农民生计严重依赖环境资源，生计模式单一，乡村经济社会发展相对落后，农户生计对环境资源的依赖性大，尤其严重依赖耕地资源。强烈的喀斯特作用导致地形崎岖破碎，平坝耕地严重缺乏，农户耕地中的坡耕地占比大，而实施以土地石漠化综合治理为主的生态修复建设工程后，坡耕地禁止传统农业生产，势必对农户生计造成一定负面影响。例如，2000～2011 年仅贵州省就累计实施退耕还林还草面积 130.8 万公顷，涉及 197.4 万农户 823.8 万人。生态修复工程建设使退耕农户的坡耕地被大量占用，耕地总量急剧减少，虽进行了生态补偿，但生态补偿年限较短，如规定退耕还草、退耕经济林、退耕生态林的生态补偿年限分别为 2 年、5 年、8 年，生态补偿年限结束后若农户迫于生计压力出现复垦，则生态修复治理成果将功亏一篑。因此，了解并掌握西南喀斯特地区封山育林、退耕还林还草、植树造林、土地石漠化综合治理等生态修复措施对农户生计转型发展的影响及农户采取何种替代性生计，对实现生态修复建设和促进农户生计发展具有重要的意义。本书选取西南喀斯特地区生态修复工程建设区的典型村落为研究对象，通过问卷调查、实地访谈等方法，分析生态修复建设前后乡村农户耕地、劳动力等生计资本的变化及农户主要生计模式的变化，提炼分析生态修复建设过程中农户生计模式变化的主要影响因素及农户替代性生计建设的主要策略，并通过对典型案例村落的自然生态、经济社会环境的深入分析，提出适用于不同地域环境条件的农户替代性生计发展导向模式，并针对农户生计发展导向模式进行理论及实践分析、论证，进一步探求可有效促进农户替代性生计建设发展的对策与建议。为促进贵州乃至西南喀斯特地区生态环境修复建设，实现乡村经济社会发展与农户生计转型发展，生态环境恢复与区域经济社会协调可持续发展提供科学支持。农户作为乡村社会独立的基本经济和行为决策单元，农户生计方式一定程度上决定了区域乡村生态环境演变发展趋势。因此，实现农户生计转型发展与生态环境修复建设之间的协调可持续发展，不仅是西南喀斯特山区生态环境研究方面的重要议题，更是实现退化生态环境修复成效长期可持续发展的关键所在，是生态脆弱区生态环境修复建设中不可忽视的基础性核心问题之一。

良好的生态环境是区域可持续发展的基础。中国西南喀斯特地区以云贵高原为中心，是全球喀斯特地貌分布最集中、面积最大，喀斯特地貌类型最齐全的喀斯特集中分布区，喀斯特作用强烈，地表崎岖破碎，生态系统脆弱，同时居住着一亿多人口，经济社会发展相对落后，人地矛盾尖锐，是我国典型生态脆弱区。在高强度人类活动的干扰下，区域生态环境破坏与退化问题突出，导致植被退化、土壤侵蚀、土地石漠化等一系列生态环境问题。脆弱生态环境与相对落后的经济社会发展水平叠加，乡村经济生产易陷入"人口增长—资源环境退化—贫困发展"的贫困与环境恶化陷阱，严重制约了区域乡村与区域经济社会发展。因此，要打破区域"贫困与生态恶化陷阱"，就必须从"人"与"地"两个方面同时入手，在持续推进生态环境修复的同时，高度重视"人"发展模式的转型，优化协调区域人地关系，并最终实现"人"与"地"的和谐可持续发展，即实现区域生态环境与经济社会的协调可持续发展。

中国西南喀斯特地区是指以贵州省为中心的喀斯特地貌发育显著的地区，行政范围主要涉及黔、滇、桂、湘、鄂、渝、川、粤等八省（区、市）463 个县级行政区，涵盖国土面积 107.1 万平方公里，其中喀斯特面积达 45.2 万平方公里。西南喀斯特地区生态修复工程主要指土地石漠化综合治理、退耕还林还草工程、封山育林等。由于土地石漠化综合治理与退耕还林还草工程往往同时进行，在实际研究过程中，尤其是在关于生态修复工程对农户生计转型发展影响的问卷调查中，往往难以区分土地石漠化综合治理工程和退耕还林还草工程各自的独立影响。因此，在实际研究过程中，生态修复工程建设对农户生计转型发展影响研究中包含了土地石漠化综合治理工程及退耕还林还草工程等对农户生计转型发展的影响。本书采用案例研究为主，以贵州省生态修复建设区为主要研究区域，贵州省是中国西南喀斯特地貌分布的核心省份，喀斯特土地石漠化等生态环境问题最为突出，同时经济社会发展水平较低，故本书以贵州省典型喀斯特生态环境修复治理区域为重点研究区，同时选取滇、桂、湘、鄂、渝、川、黔等省（区、市）部分生态修复建设地区村落作为案例进行调查研究，力求全面反映西南喀斯特地区生态修复工程建设对农户生计转型发展的影响作用。

本书的出版得到 2018 年重庆师范大学专著出版基金、重庆师范大学重庆市重点学科地理学（申博学科）及国家社会科学基金青年项目(13CJY067)的联合资助。全书主要内容是课题组在国家社会科学基金青年项目(13CJY067)、重庆市社会科学规划重点项目(2018ZD)、国家自然科学基金青年基金项目(41901214)与国家重点研发计划课题(2016YFC0502606)等科研项目研究成果基础上综合形成的最终成果。由张军以负责全书提纲制定、内容选择并执笔、统稿，感谢苏维词、赵卫权、张凤太、戴明宏等对书稿撰写提供的部分资料与宝贵建议，以及井金宸、代成钊、王露、伦丹、范国政等在调研中的辛苦工作。

除去第一章，全书内容可以分为以下三部分。

第一部分即第二章，分析中国西南喀斯特地区的生态环境特征、经济社会发展特征，简要介绍主要生态修复工程类型及生态修复工程基本特征。从自然生态的角度讨论分析西南喀斯特地区主要生态修复模式，剖析现有生态修复建设中存在的主要问题。

第二部分包括第三至五章，主要内容包括：生态修复建设与农户生计转型发展的实证案例研究，生态修复建设与农户生计转型发展存在的共性问题；生态修复背景下农户生计建设关键问题分析；农户生计转型发展与乡村发展驱动力分析。在深入剖析生态修复建设与农户生计转型发展实证研究的基础上，梳理提炼生态修复建设与农户生计转型发展存在的共性问题。在研究分析中针对地理环境约束的有限性与农户生存条件后续的无限性矛盾展开，着重系统分析如何实现地理环境约束的有限性与农户生存条件后续无限性两者之间的平衡协调发展问题。坚持农户生计的可持续发展观，将历史的维度纳入考察视野。从农户生计策略选择、农户生计多样化、农户生计非农化等农户生计转型发展方面，分析生态修复建设与农户生计转型发展的共性问题。从生态修复建设的模式、技术、成效、生态补偿方式及生态补偿效率等方面分析生态修复本身与农户生计转型发展中的关键问题。最后基于农户生计行为分析，从交通区位、优势资源开发、产业结构优化、乡村剩余劳动力转移、资金和科技投入及政策等驱动因素，分析农户生计转型发展与乡村发展的驱动力。

第三部分包括第六章和第七章。在考虑自然地理条件约束与经济社会发展水平下，秉持因地制宜的核心原则，多样化、灵活性与层次性相结合，在充分结合案例分析与研究结果的基础上，从乡村与农户层面分别提出针对不同喀斯特地貌区的发展导向模式、路径与对策建议。在发展导向模式上坚持在立足区域自身资源优势的基础上，以增强乡村与农户生计转型发展内生驱动力为核心目标，注重培育建设乡村与农户生计转型发展的可持续内生驱动力与发展机制。在保障对策分析上，强调政府的服务功能，坚持有所为有所不为，转变政府职能，进行政策制度创新，建立跨流域生态补偿机制等，力求提出具有更贴近现实，更具有操作性的对策建议，为政策制定提供更直接有力的支持或参考。

本书在研究方法上注重以问卷调查、农户访谈、实地调研等获得第一手资料，侧重实证案例研究。在充分的实证案例研究基础上，遵循因地制宜、多样化差异化发展的基本原则，提出西南喀斯特地区生态修复背景下的农户生计转型发展导向模式、乡村转型发展导向模式及其保障对策建议等，具有较好的理论与实践意义，可为国内外其他生态脆弱区生态修复建设、农户生计转型发展以及乡村振兴提供借鉴，并为相关政策制定提供部分参考。

由于时间紧促和作者水平有限，本书中还存在很多尚需完善与深化的内容以及不足之处，恳望广大读者批评指正，提出宝贵意见与建议！

目　　录

第一章　研究背景与思路

1.1　研　究　背　景

西南喀斯特地区曾经在历史上生态环境质量良好，但随着人口数量的不断增长，不合理人为开发活动的不断加剧，以土地石漠化为代表的生态环境退化问题日益突出。以贵州省为例，自清朝雍正时期，随着贵州省开矿、人口规模与土地开垦面积的显著增加，人文活动因素成为土地石漠化产生的主导因素[5]。20 世纪20 年代以来，西南喀斯特地区植被在经历毁林开荒，陡坡种粮，过度樵采等大规模不合理人类活动的破坏后，原始植被破坏严重，导致植被生态系统发生大面积退化[6]。2011 年底，西南喀斯特地区土地石漠化总面积达 12.2 万平方公里，占区域总面积的 11.2%，土地石漠化问题严重，且潜在土地石漠化面积仍在进一步增加[7]。从 20 世纪 80 年代开始，我国在西南喀斯特地区开展了包括土地石漠化综合治理在内的多项国内和国际援助的生态修复科研项目[8]，为以土地石漠化综合治理为代表的西南喀斯特地区生态修复工程建设提供了科学支持，并积累了宝贵的经验。近年来，针对西南喀斯特地区生态环境退化，尤其是土地石漠化问题，国家投入了大量的资金进行综合治理，实施了封山育林、退耕还林还草、生活能源替代、生态移民和土地石漠化小流域综合治理等多种措施。2007～2008 年，国家启动了西南喀斯特地区 100 个试点县的土地石漠化综合治理专项建设一期工程，仅国家就投入资金 30 亿元[9]。2000～2011 年，西南喀斯特地区仅贵州省就累计实施退耕还林还草 130.8 万公顷，涉及 197.4 万户 823.8 万人，并因地制宜实施了土地石漠化综合治理实践示范工程建设，取得了较好的生态、社会经济效益，贵州省土地石漠化整体扩展趋势得到了初步遏制，总体生态环境状况呈现出良性发展态势[7]。但土地石漠化综合治理形势依然紧迫，一方面，局部地区土地石漠化潜在风险依然存在恶化趋势，如贵州省 2005～2011 年潜在土地石漠化面积增加了 9.1%[10]；另一方面，虽然通过生态修复治理，西南喀斯特地区以土地石漠化、植被退化为代表的生态环境退化趋势得到了一定的遏制，但潜在土地石漠化等生态环境退化风险并未得到根本解决。潜在土地石漠化面积的持续增加表明，现有的以土地石漠化综合治理工程为代表的生态修复工程建设对生态修复建设区农户生计转型可持续发展关注不够，生态补偿结束后迫于生计压力，农户破坏生态环境的驱动因素并未从根本上清除，生态修复工程建设在注重生态效应的同时，对农户生计转型发展的影响重视不足。区域农户生计活动在一定程度上决定了区域生态环境的演变趋势，是区域人地关系地域系统的主体，农户生计的构建、动态演化依赖区域自然生态环境和社会经济环境，并反作用于区域自然生态环境与社会经济环境发展，农户生计演化发展与区域人地关系系统存在一定程度的自我反馈适应机制。

"十一五"以来，国家对西南喀斯特地区的主体功能发展定位也有所改变。2011年6月国务院发布的《全国主体功能区规划》中，西南喀斯特土地石漠化区属于重点生态功能区，是限制性开发区域。《全国主体功能区规划》明确指出，重点生态功能区对大规模工业化和城镇化开发活动进行限制；同时，也明确了西南喀斯特土地石漠化区为水土保持型生态功能区，以水土保持和生物多样性维护为主体生态功能，未来以保护原有森林、草原植被，实施封山育林育草、种草养畜，并实施生态移民、改变耕作方式作为主要发展方向。因此，在国家实施大规模生态修复工程建设，促进乡村经济社会发展，进行金融、政策倾斜支持，确保区域新的主体生态功能保值增值的大背景下，乡村农户生计转型发展和生态环境改善的协调可持续发展就成为实现退化生态环境修复治理，转变农户生计发展模式，提高农民生计发展非农化、多样化，消除农户破坏生态环境驱动因素，保障区域主体生态功能实现与农户生计转型可持续发展的关键基础。

西南喀斯特地区是中国集脆弱生态环境、相对落后的经济社会发展水平、山地丘陵分布集中等于一体的复合生态-经济-环境脆弱区，尤其是地处西南喀斯特地区腹地的云南、广西与贵州三省区。不合理人类活动导致的土地石漠化、水土流失、植被退化等生态环境退化问题，已严重阻碍区域经济社会的可持续发展。因此，针对土地石漠化、水土流失、植被退化等生态环境退化问题，国家及地方均投入了大量资源进行生态修复工程建设，实施了以土地石漠化综合治理、退耕还林还草、封山育林等为代表的一系列生态修复工程，使西南喀斯特地区以土地石漠化、水土流失、植被退化为代表的生态环境退化问题在整体上得到了一定程度的遏制，但并未从根本上消除生态环境退化的驱动源。

国内西南喀斯特地区对生态修复建设的研究与实践，主要关注基于自然恢复和人工促育为基础的退化生态系统恢复，如生态系统退化机理、退化诊断指标及生态修复模式等方面的研究，提出了以生态经济治理、生物工程措施为主的综合治理修复模式，以乡村产业为主的复合修复发展模式等，并取得了一定的生态与经济效益[11]。在农户生计转型发展研究方面，相关研究在地域空间上相对集中。对农户生计转型发展研究多从耕地利用方式变化[12]、农户失地[13]等方面对农户生计多样化影响的结果进行分析研究，研究地域主要集中在大城市城郊、东部平原、黄土高原及各类自然保护区等[14-16]，针对西南喀斯特地区生态修复建设对农户生计转型发展影响的研究相对较少。对于其他非喀斯特地区的研究主要关注农户生计及农户生计多样性变化对生态环境的影响，如农户土地利用模式变化的影响因素[17]、农户生计对环境退化的响应[18]、农户生计多样化与土地利用模式的相互作用关系[19]、农户生计转型发展的生态环境效应[20]、农户生计转型发展对农户环境感知的影响[21]等方面的研究，以上研究以农户生计转型变化对环境的影响为主。相反，生态修复工程建设对农户生计转型发展影响的相关实证研究相对较少。

　　本书主要以西南喀斯特地区退耕还林还草、封山育林及土地石漠化综合治理等生态修复工程建设对农户生计转型发展的影响，以及农户适应性替代生计建设模式为研究目标，分析西南喀斯特地区生态修复工程建设对农户生计转型发展影响，研究农户生计转型发展及其重建过程，提出针对西南喀斯特地区不同喀斯特地貌类型区乡村发展与农户生计转型发展导向模式，对完善区域生态修复建设与生态补偿政策、提高生态修复治理效益提供科学支持，并进一步为西南喀斯特地区乃至全国其他生态脆弱区生态修复及生态补偿政策的完善提供参考与借鉴。

　　因此，本书具有非常重要的现实意义及学术研究价值，主要体现在：①西南喀斯特地区，尤其是云南、贵州、广西三省区是国家生态修复治理和乡村振兴发展的重点区域，符合党和政府的目标，明晰生态修复建设对农户生计转型发展影响，及农户生计策略的响应机制是促进区域乡村发展、实现乡村振兴发展建设与生态环境修复的基础；②西南喀斯特地区农户收入来源单一，生计严重依赖耕地等环境资源，生态修复建设后易出现"生态修复—生计压力—再破坏—再修复"的恶性循环，研究生态修复建设对农户生计转型发展的影响是提高生态修复治理效率、巩固生态修复治理成果，实现生态修复治理与农户生计协调可持续发展的关键；③国家实施生态修复工程建设的同时给予了农户有限的生态补偿，分析现有生态修复建设中农户对生态补偿的态度及建议，为完善生态修复补偿长效机制建设、提高生态补偿效益提供有力的科学支持。

1.2　研究意义

　　生计是人类谋求生存的基本方式，决定了人类对自然环境的基本作用方式，是区域人地关系系统演化的主导驱动力[22]。关于生计的概念界定，目前主要可分为广义概念与狭义概念两大类。生计狭义概念一般是指人们为了维持生存所进行的一系列生产活动方式的统称。生计广义概念不仅包括狭义生计概念的内容内涵，还对生计概念进行了进一步扩展，包括人们在生产过程中的各种消费活动行为。农户生计转型发展过程中的消费行为是建立在农户生计生产行为之上的。根据研究目的，本书采取生计的狭义概念较为合适，即生计是人们谋求生存的基本方式。西南喀斯特地区乡村人口占比大，农户数量巨大，农户现有生计模式对耕地等环境资源依赖性高。一方面，农户作为乡村经济社会最基本的决策活动单元，农户生计模式对环境资源的作用方式直接决定了区域生态环境的演化趋势。另一方面，农户生计模式选择及发展又在一定程度上受农户自身所处的经济社会、环境资源的制约。因此，如何实现在现有环境资源的可持续开发利用基础上，提高农户生计可持续发展能力，促进农户生计升级转型发展，提高农户生计与环境资源之间的协调发展能力，就成为解决区域生态环境问题与实现农户生计转型发展，以及两者协调可持续发展的关键，这也是区域可持续发展的目标，因此明确西南喀斯特地区生态修复工程建设与农户生计转型发展的相互作用关系，具有极其重要的现实及理论意义。

1. 现实意义

(1) 西南喀斯特地区是我国喀斯特核心集中分布区，生态环境脆弱，土地石漠化严重。以贵州省为例，全省喀斯特面积占全省总面积的 61.9%，土地石漠化面积占 12.8%，乡村人均保灌耕地不足 0.3 亩(1 亩≈666.7 平方米)。同时，西南喀斯特地区也是我国集中连片相对贫困地区，如滇桂黔土地石漠化集中连片相对贫困地区，其乡村相对贫困现象突出，2011 年乡村人均收入为 4145.35 元，仅占同期全国平均水平的 59.4%，且差距不断拉大。针对西南喀斯特地区的经济社会发展问题，党中央高度重视，并制定了一系列政策促进区域经济社会发展，如 2012 年国务院专门颁布了《关于进一步促进贵州经济社会又好又快发展的若干意见》，旨在全面推动贵州喀斯特生态脆弱区经济社会发展。西南喀斯特地区大规模生态修复建设改善了生态环境，但在短期内使受生态修复影响农户耕地减少，对农户生计发展造成了一定影响。因此，对西南喀斯特地区生态修复工程建设对农户生计转型发展影响进行研究，满足国家促进乡村经济社会发展和生态环境修复治理的双重要求，也是实现乡村扶贫工作与生态修复建设双赢的重要基础。

(2) 历年来，中央及地方政府投入了大量资源针对西南喀斯特地区的生态环境问题进行大规模的生态修复治理，如 2011 年中央仅土地石漠化治理就投入专项资金 16 亿元。同时中央和地方还实施了一批生态修复工程，2000～2011 年仅贵州省就累计实施退耕还林还草 130.8 万公顷，涉及 197.4 万农户 823.8 万人。生态修复工程建设使农户不能耕种坡耕地，农户耕地急剧减少，虽对农户进行了相应的生态补偿，但生态补偿年限较短，如现有规定退耕还草、生态经济林、生态林补偿年限分别为 2 年、5 年、8 年，补偿期过后迫于生计易出现部分农户复垦，使生态修复成果功亏一篑。生态修复建设对西南喀斯特地区收入来源单一、依赖耕地的退耕农户生计造成了一定的影响，使部分农户谋生更加困难，易出现"生态修复—生计压力—再破坏—再修复"的恶性循环。因此，了解掌握生态修复工程建设对农户生计转型发展的影响，是巩固生态修复治理成果、避免生态修复重复投入、提高生态修复治理效率亟待解决的关键问题。

(3)西南喀斯特地区实施的以土地石漠化综合治理、退耕还林/还草、封山育林等为代表的一系列生态修复工程，取得了较好的成效，水土流失、土地石漠化与植被退化趋势得到了一定遏制，但在消除破坏生态环境驱动因素方面还存在较大的潜力空间，并且在生态修复建设中也存在一些不足。例如，贵州省实施了大规模生态修复工程建设及生态补偿，但未能实现生态环境的根本好转，其根本原因就在于生态修复工程建设往往过于注重短期生态效益，忽视了对农户生计转型发展的影响。同时，生态补偿资金不能长期支持农户生计转型发展的需要，造成农户参与积极性不高，生态补偿结束后部分农户迫于生计压力复垦，极易出现生态环境治理后又破坏的现象，其根本原因就在于农户生计并未实现转型发展，还是严重依赖耕地等环境资源。因此，针对生态修复建设对农户生计转型发展影响的研究亟待深入开展，为完善生态修复补偿长效机制、促进农户生计可持续发展提供科学支持，力图从根本上解决西南喀斯特地区生态修复治理效益相对不高、生态修复成果持续性相对较差的基础性问题。

2. 理论意义

西南喀斯特生态修复建设区中的大部分地区是生态环境脆弱程度高、经济社会发展落后程度深、生态修复任务重、农户收入低且来源单一、相对贫困问题突出的生态脆弱与经济发展落后的叠加地区。此类地区对于生态修复建设对农户生计转型发展的影响研究，在所查阅的国内外文献类似研究中鲜有报道。现有生态修复工程建设过程中往往过分强调生态修复的生态效益，对受生态修复建设影响农户的生计发展重视不足，相当数量生态修复工程未将农户生计转型发展作为生态修复建设的主要目标，这是造成生态修复建设效率不高、生态修复成效难以长效可持续发展的重要原因，也是出现生态修复后再次破坏的首要原因。因此，必须高度重视西南喀斯特地区生态修复建设区农户生计转型发展及调控问题，并提供相应的针对不同类型农户生计转型发展的生计优化导向模式及保障对策建议。实现在生态、资源和自身发展能力等多重约束条件下农户生计的转型及其可持续发展，是降低农户生计转型发展对环境资源的依赖，消除农户破坏生态环境动机的根本，所以实现生态修复建设区农户生计的转型可持续发展是保障生态修复建设效益及保持生态修复长期成效的根本。

因此，本书基于西南喀斯特地区土地石漠化等生态环境问题最为典型的贵州省、云南省、广西壮族自治区、重庆市等省(区、市)作为研究区域，开展西南喀斯特地区生态修复工程建设对农户生计转型发展的影响研究，具有较好的代表性和典型性。通过对西南喀斯特地区生态修复建设对农户生计转型发展影响的分析研究，揭示生态、资源和自身发展能力等多重约束条件下，生态修复建设区农户生计转型发展的过程，识别主要影响因素，明晰其作用机制，并在此基础上寻求适合西南喀斯特地区不同地貌类型区不同自然生态、经济社会条件下的农户生计转型发展的优化导向模式及对策建议，对促进生态修复建设区农户生计转型发展，具有非常重要的现实意义及学术研究价值，并可为其他类似生态脆弱区生态修复建设与农户生计转型发展研究提供借鉴。本书不仅丰富了生态修复建设及农户生计转型发展等方面的研究内容，而且在理论分析、研究内容及研究视角方面具有一定的创新，主要表现在三个方面。

(1)进一步丰富、扩展了我国现有生态修复建设及农户生计转型发展研究的内容，尤其是西南喀斯特地区多重约束条件下的生态修复建设与农户生计转型发展问题，在一定程度上拓展了我国生态修复建设与农户生计转型发展研究的广度。

(2)研究从农户视角较系统剖析了西南喀斯特地区生态修复建设对受影响农户生计转型发展的影响，从生态修复建设前后农户生计转型发展变化的影响因素出发，并结合农户个体行为角度和区域农户所在地区宏观经济社会发展环境，对生态修复建设区农户生计转型发展变化过程进行系统分析，克服了以往研究忽视农户个体自主行为，过多注重区域生态环境、经济社会发展条件的不足。

(3)尝试通过农户微观视角，从农户生计系统的整体性来认识区域宏观政策(生态修复建设相关政策)对微观层面农户生计转型发展的影响，通过分析微观层面农户的生计转型发展，探讨生态修复建设对农户生计转型发展的影响，了解生态修复建设等宏观政策对微观层面农户生计转型发展的影响机制、农户生计适应性响应机制及农户生计决策机制。

1.3 研究思路与方法

基本研究思路：本书研究主要采用问卷抽样调查、实地调研获得基础数据，以典型案例分析研究为主、宏观定性研究为辅的总体研究思路，着重选取西南喀斯特地区生态修复建设区受生态修复建设影响较大的村落作为研究案例。首先，通过实地调研、参与式农户评估、问卷抽样调查、村干部访谈等多种方法，并结合地区经济社会发展统计数据，获取研究相关原始基础数据资料；其次，通过对基础数据的整理分析，结合专家咨询，对案例进行综合分析，研究生态修复建设对农户生计转型发展的影响及农户适应性生计策略响应的选择，在此过程中分析提取生态修复建设对农户生计转型发展的主要影响因素，分析其作用机制，提出乡村发展、农户生计发展优化导向模式；最后，根据对研究案例自然资源、经济社会发展条件等方面的深入分析，提出西南喀斯特地区生态修复建设区乡村发展、农户生计转型发展优化导向模式及对策建议。

微观定量研究，即案例实证研究，主要是通过选择西南喀斯特地区典型村落，以农户作为基本单位，采用参与式农户评估方法、问卷抽样调查法、村干部访谈等方法，对选取的村落进行基础资料搜集，主要采取随机抽样问卷调查获得村落案例研究所需的相关自然、经济社会数据，再结合查阅地区经济社会统计资料等相关数据，分析生态修复建设对村落农户生计转型发展的影响、农户采取的响应策略及农户生计转型发展的基本过程。

本书案例研究主要选自于西南喀斯特地区贵州、云南、广西、四川、重庆、湖南及湖北等省(区、市)的喀斯特生态修复建设区，将受生态修复建设影响较大的部分村落作为典型研究案例，根据生态修复建设区及案例村落不同的自然生态、经济社会环境特点，分别设计不同的调查问卷对研究案例村落生态修复建设、农户生计转型发展等基本情况进行调查，并分析生态修复建设实施状况、生态修复建设对农户生计转型发展的影响，以及农户生计转型发展的其他影响因素等。

1.4 国内外研究进展

国内与国外环境移民相对应的相关研究内容，主要是针对水电工程建设与生态修复建设产生的部分工程性移民。国内对生态移民研究的关注始于水电项目建设产生的工程性移民，以及后续重点生态脆弱区中部分生存条件恶劣且已不适于人类生存而进行的生态移民等，相关研究与国外相比开展得相对较晚。国内学界对生态移民的理论界定、实践应用研究与国际学界讨论的"环境难民"存在较显著的差异。国内生态移民主要指为保护某地区脆弱生态环境或进行生态修复建设，并提高原住居民的生存发展水平，将生态区位重要、生态环境脆弱及生存条件恶劣地区的原住人口进行有计划的主动迁移，一般由政府组织实施，绝大多数属于自愿性移民。政府在生态移民安置、生态移民后续生计重建、生态移民生计转型发展等方面提供金融、物质、技术、政策等多方面扶持与保障，而国外环境移民多属于自发性的、非自愿移民，其中也包括少部分自愿性移民，非自愿移民与自愿性移民共存，同时缺乏政府层面的统一协调规划指导及扶持。国内生态移民在内涵上与国外环境移民相近，但涵盖范围要小。鉴于环境移民与国内生态移民在本质内涵上的相近(都是因生态环境退化而引起的人口迁移活动)，为方便论述，本节论述将其统称为环境移民。

1.4.1 国外生态修复与环境移民生计转型发展研究进展

国外由于国情等因素影响，并无与国内生态修复建设区农户生计转型发展研究相对应的研究对象，国外环境移民研究进展主要针对因环境退化及环境退化治理等导致的环境移民、环境移民生计重建及环境移民生计转型发展等研究内容进行的梳理和总结。

当前,全球环境变化引起的干旱、洪涝、极端天气,以及土壤退化、水土流失、土地荒漠化等环境退化问题对区域自然生态-经济社会系统造成了严重的影响,使部分人类生计面临严重威胁,并在部分地区引发了大规模的人口迁移[23]。研究表明,预计到 2050 年,全球因气候变化与环境退化等原因失去家园而被迫进行迁移的人口将达 2 亿人[24, 25],数量如此庞大的迁移人口,势必将对全球自然生态环境、经济-社会发展带来极大的挑战。在缺乏有效应对管理措施的情况下,如此大规模人口的迁入也势必对迁入地的自然环境-经济社会系统带来巨大冲击和压力,甚至产生不可预料的灾难性后果,出现迁移人口与生态环境之间双向关系的恶性循环:人口迁入及迁入人口生计发展导致迁入地生态环境加剧退化,反过来引发新一轮的人口迁移[26],而实现环境移民生计在迁入地的可持续发展就成为亟待解决的重要问题,其中环境移民生计的可持续建设就成为应对环境移民压力与冲击的关键性问题[27, 28]。生计作为人类谋求生存的基本方式,决定了区域人类对自然环境的基本作用方式,是区域人地关系系统演化的重要驱动力之一[22]。而环境移民生计重建及环境移民生计可持续发展,是影响环境移民再迁移和迁入地生态环境-经济社会系统实现可持续发展的基础。如何更好地促进环境移民生计重建,实现环境移民生计可持续发展,成为应对全球环境变化背景下环境移民问题的关键,也是消除环境移民生计转型发展障碍与实现生态环境-经济社会协调可持续发展的基础。因此,对国外环境退化区环境移民生计破坏、环境移民被迫迁移驱动因素等相关研究内容进行梳理,将对国内生态修复建设及农户生计转型发展研究提供有益的参考。

1. 环境移民的概念及其内涵

1)环境移民及可持续生计

20 世纪 70 年代,Lester Brown 最先提出并使用了学术术语"环境难民"一词[29]。而后 El-Hinnawi 将"环境难民"定义为:由于自然环境退化或人类活动对环境造成的人为破坏,其环境损坏程度或破坏程度威胁到了受影响区域人类的生存发展或严重降低了受影响人类的生活质量水平,受影响人群中被迫采取临时性或永久性离开其原有家园的一部分人口[30]。随着"环境难民"相关研究的不断深入与扩展,学者对"环境难民"的概念、内涵,环境难民类型界定及环境难民概念使用范围进行了广泛的探讨[31-33],但是目前学界并未对"环境难民"的概念、内涵等达成一个共识,且"环境难民"概念的应用存在较明显的泛化趋势。一般认为"环境难民"的称谓易导致公众对其产生误解,增加社会公众对接纳"环境难民"可能造成的负面影响的过分担忧,从而削弱迁入地社会对"环境难民"的保护与接纳[34]。此外,在环境难民、环境难民生计重建及生计转型发展相关研究文献中还存在使用"环境诱发移民""环境灾害移民"等其他学术术语，造成环境难民生计研究泛化。为此，2007 年国际移民组织(International Organization for Migration，IOM)建议相关国家及研究者统一采用"环境移民"这一术语来描述以上定义，并将"环境移民"概念统一界定为：人们生活水平因环境变化显著降低，同时环境变化对区域生存环境造成显著负面影响，区域人口中被动或主动选择临时性或永久性离开原居住地，在国内或跨国迁移的一组人群[35]。

　　"可持续生计"概念最早出现在 1987 年世界环境与发展委员会(World Commission on Environment and Development，WCED)《我们共同的未来》报告中。随后 Chambers 和 Conway 等学者在进一步研究的基础上，明确提出了"可持续生计"概念，"可持续生计"是指能够应对并在压力和打击下得到恢复，在当前和未来保持乃至加强自身能力和资产，同时又不损害环境资源基础的生计发展方式[36]。2000 年，英国国际发展署基于 Sen[37]、Chambers 和 Conway[36]解决贫困问题的理论方法和"资本-能力"理论建立了农户可持续生计框架(sustainable livelihoods framework，SLF)(图 1-1)，可持续生计框架将农户生计资本划分为：人力资本、物质资本、金融资本、自然资本、社会资本等五大类生计资本，并考虑了环境脆弱性对农户生计资本及其生计资本利用的影响，在农户可持续生计研究领域得到了广泛的应用，并广泛应用于相关国际扶贫工程建设中[38, 39]。环境移民相比于一般农户缺乏相应的生计资本，尤其是社会资本。环境移民生计重建及可持续发展不仅要满足移民自身生存发展需求，还要避免环境移民生计重建及可持续发展破坏迁入地生态资源环境、经济社会可持续发展。因此，环境移民可持续生计概念可界定为：在不损害迁入地目前或将来自然生态-经济社会环境可持续发展和他人谋生能力的前提下，在迁入地构建的不低于原有生活水平，能够应对当前和未来压力，并具有较高压力弹性及可持续发展能力的生计组合。

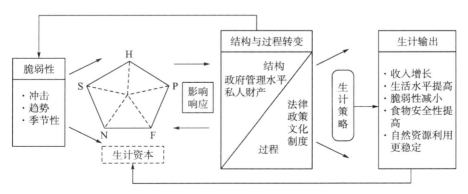

H：人力资本；P：物质资本；F：金融资本；N：自然资本；S：社会资本

图 1-1　农户可持续生计框架

2)环境移民问题本质

现阶段针对环境变化引起的人口迁移问题的本质内涵、驱动因素等方面的探讨性研究相对较多。相关研究预测,21世纪全球性环境移民总量可达5亿人次(图1-2),事实上全球环境变化引起的数量巨大的环境移民问题已成为21世纪全球可持续发展面临的主要问题[27]。现有环境移民生计重建及其可持续发展问题的理论及实践研究已相对落后于环境移民现实问题的发展。在对人口迁移是人类被动应对环境变化还是主动适应环境变化的策略问题上还存在分歧。一般认为人类(人口)迁移是人类一个普遍性的适应和应对环境变化压力和风险的响应性策略[40, 41],是环境移民生计策略的重要组成部分;反之,人口缺乏迁移流动更可能增加环境移民生计转型发展对生态环境的压力,提高了生态环境脆弱性,因此生态环境退化也成为环境移民产生的主要解释性因素,但在对生态环境退化与环境移民相互作用关系的本质认识上,学界也并未达成一致。Morrissey的研究指出,在发展中国家,贫困人口依赖居住地的生态环境和资源,生态环境和资源的退化将导致贫困人口生计丧失并引发环境移民[42];Raleigh的研究则直接指出贫穷人口对生态环境与资源的依赖和生态环境与资源的高脆弱性是引发环境移民主要的直接驱动因素[43]。但Sow等对非洲加纳环境移民的研究则表明,社会经济因素、土地资源开发和农业生产方式改变是引发环境移民的主要原因[28];同时,Sakdapolrak等对农业生产高度市场化的泰国的相关研究结果也显示,环境压力(如洪水等自然灾害)下人口迁移选择并不是农户的首选应对性策略[44]。环境移民个体是否决定迁移及选择何处作为迁移目的地主要取决于自身净收益的最大化[32]。因此,生态环境变化是否是直接触发环境移民产生的根本原因,取决于区域的自然环境、经济社会发展背景,生态环境变化对农户损害程度、农户可承受能力、农户可供选择的迁移替代方案和选择迁移的机会成本等多元化因素的综合影响,所以对不同地区环境移民产生原因的分析要充分考虑区域自然环境、社会经济发展背景的异质性等多维因素。

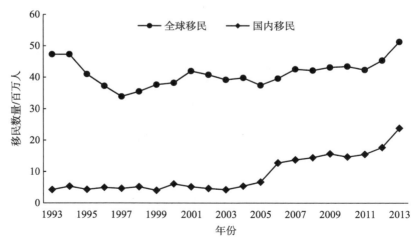

图1-2　1993～2013年全球和国内移民数量变化(全球移民含政治难民、难民和国内移民)[45]

2. 环境移民生计重建发展主要研究内容

干旱、荒漠化等环境问题造成的贫困、生计恶化引起的环境移民已由区域性问题发展成为全球性问题[27]。随之而来的环境移民生计重建及生计发展问题成为全球消除贫困、实现人与环境可持续发展研究的核心问题之一[46-48]。20 世纪 70 年代以来，环境移民生计的相关研究发展迅速，并受到了联合国环境规划署（United Nations Environment Programme）、世界银行（The World Bank）和国际移民组织（International Organization for Migration）等国际组织的高度重视。联合国环境规划署、世界银行和国际移民组织等国际组织在发展中国家参与并实施了一系列环境移民生计重建及发展项目。当前，环境移民生计研究在地域上呈现出显著的地域倾向，研究主要集中在撒哈拉以南非洲、拉丁美洲、南亚次大陆等地区，研究内容侧重于自然环境退化、气候灾害及土地退化等因素对环境移民生计重建发展影响的研究，针对经济贸易、经济社会因素等方面的研究则相对较少。

1）环境变化与环境移民生计贫困

环境变化压力触发了自然生态系统服务支持功能的退化，结果导致经济社会系统脆弱性增加，其潜在结果引起了一系列的环境移民。环境退化、极端天气事件、干旱、洪水等自然灾害与生计贫困、环境移民产生间的联结作用关系研究，主要集中在生计贫困是否是导致环境退化的主导因素与验证生计贫困、环境移民产生与环境退化、极端天气事件、干旱、洪水等自然灾害之间是否存在直接的作用关系。

从环境变化与环境移民作用联系的实证研究来看，淡水资源缺乏和粮食安全问题，以及干旱、洪水等自然灾害是环境移民产生的主要影响因素。由于全球气候变化存在较显著的区域差异，因此中纬度干旱半干旱地区，亚洲、非洲低洼三角洲地区成为受全球气候变化影响最为严重的地区[49, 50]。Gray 等研究指出气候变化引起的干旱、洪涝、高温等自然灾害造成的农作物歉收、牧草产量减少等直接对农户生计发展造成了损害，从而导致农户生计丧失乃至被迫迁移，从而触发环境移民[51]。McLeman 和 Smit 研究认为人口迁移是适应气候变化的一种重要生计策略，政府等管理决策者应给予迁移人口更大的支持[40]，以提高迁移人口对气候变化等环境变化的适应能力。Sowa 等和 Sakdapolrak 等在非洲加纳地区及亚洲农业生产高度市场化的泰国的相关研究结果表明，经济社会因素、土地利用模式，农业生产与市场经济的联系是影响环境移民产生的主要因素[28, 44]，而环境变化并不是主导性因素。同时，Tacoli 研究表明，极端天气事件的灾害性与受其影响人口的生计脆弱性呈正相关[23]，也就是受影响人口生计脆弱性越高，极端天气事件的灾害性越强。这也表明，自然环境变化与环境移民产生具有明显的地域性差异，欠发达国家及地区更易因受自然环境变化的影响而产生环境移民。总体上看，环境移民产生是区域自然环境、经济-社会系统相互作用产生的共同结果,不同地区由于自然环境、经济社会环境等发展条件的差异,自然环境变化对环境移民产生的影响存在较显著差异。

一般认为农户生计贫困、环境移民产生与自然环境退化之间存在直接或间接的密切联系,但实际研究证据并不完全支持自然环境的退化必然导致人口的迁移,产生环境移民。Cao 等研究指出农户生计改善对遏制环境退化具有重要意义[52];Finco认为农户生计贫困与自然环境退化之间并没有直接的联系,而是一个复杂不确定性的非线性作用关系[53];Duraiappah 研究认为自然环境退化的主要原因是政府政策和市场调节失灵导致的,而不是农户生计贫困造成的[54]。Swinton 等则指出生计贫困农户和非生计贫困农户对自然环境退化都负有责任,贫困农户缺乏用于保护自然环境资源的投资,而非贫困农户由于缺乏激励机制而不愿投资于自然环境资源保护,因而造成了自然环境的持续退化[55]。Reardon 等则将乡村农户生计贫困与自然环境资源的关系划分为农户贫困组成、外部因素(市场、政策)、环境因素和农户自身行为四部分来理解[56],进一步系统细化了农户生计贫困与自然环境退化之间的关系。所以自然环境退化并不是导致人口迁移产生的全部,而更可能是作为一种主要诱因而存在,触发了环境移民产生及发展。关于自然环境退化与农户生计贫困、人口迁移产生之间作用关系的整体研究认识已从"环境决定论"发展到"系统认识论"。环境变化对不同生计能力农户家庭的影响程度存在显著差异,不能一概而论,如气候变化对以自然环境资源为生计基础的农户(农业人口)生计影响较大[57],对其他类型农户生计影响相对较小。因此,对不同自然环境-经济社会系统背景下农户生计贫困、环境移民产生与自然环境退化联结关系的系统化、精细化、差异化研究有助于更深刻地理解自然环境退化、农户生计贫困与环境移民产生发展之间的联系及相互作用关系,从而为精准施策提供科学支持。

2)社会经济环境变化与环境移民生计

目前,经济贸易的全球化发展,市场、金融、贸易政策等因素对环境移民生计重建及发展的影响程度甚至已超过自然环境因素的影响。Jha 等从农产品价值链出发,认为农产品经济的全球化发展对农户生计存在多重空间尺度的影响作用,其中政府和私营贸易组织通过对农业生产模式、农产品价格及农产品贸易政策的调控直接影响农户生计发展,其影响程度甚至已远远超过自然环境的影响[58]。Bouahom 等认为市场经济背景下农户生计非农化过程中,农户把握市场机遇的能力比区域自然资源禀赋的好坏更为重要[59],也就是说,市场经济的影响作用成为影响环境移民生计重建及发展的主要因素。Barbier 则指出国家宏观经济发展状况的恶化会加剧农户生计贫困,其中农户人力资源投资的长期不足及农户缺乏金融信贷能力的有效支持,是引起农户生计贫困发生的根本原因[60]。同时,由于不同国家及区域之间存在显著的社会文化差异,社会文化因素也对环境移民生计重建及发展带来一定的影响[28]，如相关研究者针对环境移民由于社会网络关系破裂而产生文化创伤等问题的研究，该方面的研究也是环境移民生计重建及发展研究不可或缺的部分。

总体上，社会经济环境的发展使环境移民(农户)生计对环境资源的依赖程度逐步下降，环境移民(农户)对人力资本、金融资本等社会经济资源的依赖度逐步增大，这也意味着生计重建发展对环境移民(农户)综合素质与能力的要求进一步提高了，反之，环境移民(农户)科学文化素质条件不足将成为其参与分享经济发展成果的重要障碍，不利于社会公平、社会结构改变及社会稳定发展。Roncoli等针对非洲干旱对农户家庭生计影响的研究表明，干旱使家庭中原本边缘化的妇女逐渐成为家庭生计和风险的管理者，并有效提高了家庭劳动力的劳动生产率[61]。另外，政府政策与管理的强力干预对实现环境移民(农户)生计建设具有重要的作用[62]，而现有环境移民(农户)生计建设发展政策制定及实施方面均存在不足，如南亚次大陆气候变化引起的农户家庭生计转型研究往往与生物多样性保护结合在一起[63]，以小农农业集约化与生物多样性保护整合的方式实现农户家庭生计安全和可持续发展。但农业集约化和生计多样化政策对提高农户生计可持续能力作用相对有限[55]，使相关环境移民(农户)生计建设发展政策在消除环境移民(农户)生计贫困，实现生物多样性保护目标以及其成效的长期有效性方面存在不确定性。

3) 环境移民生计脆弱性分析

生计脆弱性是指个人或家庭生计在遭遇风险时所表现出的抵御能力不足，主要包括遭受风险冲击的可能性和抵御风险冲击能力两个方面[64]。环境移民(农户)生计抵御风险能力越强，其生计脆弱性就越低。张国培等讨论分析了我国云南地区自然灾害对农户生计贫困及生计脆弱性的影响，并定量分析了其主要影响因素，其中地理环境是影响农户生计脆弱性的最主要因素[65]。许汉石等研究认为，农户生计资本禀赋差异在一定程度上决定了农户生计脆弱性的强弱，并且农户生计资本对其生计风险具有复杂的影响关系，生计风险还与农户生计资本配置结构及生计策略有着密切关系[66]，环境移民(农户)生计资本构成的不同，使农户在遭受各类风险和抵御风险能力上存在显著差异。Tacoli 研究指出极端天气事件对不同脆弱性生计类型农户家庭的影响是显著不同的[23]，并且不同脆弱性生计类型农户家庭所采取的风险适应性策略也是不同的，如非洲渔民采用多元化和空间离散化的生计策略来降低生计脆弱性或被迫采取迁移策略[67]，而北极地区原住民家庭生计的稳定性则主要取决于当地驯鹿的迁移路径变化[68]；相对于山地丘陵区，平原地区环境移民(农户)生计主要以农业生产为主，交通条件，耕地资源数量、质量，以及农田灌溉系统运行状态则是其生计重建及发展的主要影响因素[69]。整体上，不同地区环境退化触发并造成了农户家庭生计脆弱性增加，加之农户主动适应环境变化的能力不足而最终导致农户出现生计转型与生计可持续发展能力丧失而形成贫困[70]。环境变化对不同生计类型环境移民的影响是存在较明显的时空异质性的,从而表现出环境移民生计脆弱性的显著差异。需注意的是,在缺乏有效管理和规划背景下,环境移民自发的生计重建可能会加剧自然灾害的破坏程度,因为环境移民破坏生态环境的行为并非环境移民非理性决策的过错,而是市场、政策和体制缺乏良性激励等多种因素综合作用造成的结果。在自身利益最大化原则下,环境移民(农户)个人理性策略往往导致集体非理性结果悖论的出现,而加剧环境破坏乃至造成环境退化,尤其是环境移民(农户)生计模式单一且依赖环境资源时,但目前该方面的研究相对较少,有待进一步加强。

4) 环境移民生计多样化、非农化、专业化

生计多样化、非农化、专业化和人口迁移便捷度提高显著提升了环境移民维持生计安全的能力和生活福利水平,并成为环境移民实现生计目标的主要策略组合内容。农户生计多样化、非农化、专业化的转型发展使农户生计对气候、土地、水资源等环境资源依赖性逐渐减小,也是环境移民应对外界环境压力,降低自身生计脆弱性,主动适应生态环境退化、气候变化、自然灾害等问题的重要应对策略[23, 71]。生计多样化、非农化、专业化转型和人口迁移有利于环境移民分散各类风险,提高自身生计可持续发展能力。国外对环境移民生计重建发展研究,侧重于从农产品贸易、农业生产模式和农业生产补贴政策等社会经济、贸易政策因素对移民生计转型发展的影响[59, 72, 73]。Bebbington 基于农户生计资本及其综合运用能力的研究指出,社会资本对于环境移民获取各类生产资源以提高生计发展能力具有关键作用[74]。Glavovic 等在解决农户贫困可持续生计建设研究中发现,政府管理能力及政府强有力政策干预是实现农户生计可持续发展的重要保障[62]。Cao 等研究认为,产权改革、自然资源产权由国家转变为个人时可有效提高对自然资源的管理水平及利用效率,有利于自然资源的可持续利用[75]。Jha 等研究认为,区域自然生态系统产出、农户收入增加、区域人口迁移便捷度和环境保护教育是农户实现生计可持续发展的主要基础[76],但其研究明显忽视了市场经济、贸易政策等因素的影响作用。Bouahom 等研究指出,在农户生计多样化、非农化、专业化过程中,市场的影响作用往往比自然资源禀赋更为重要[59]。在开放自由竞争的经济社会系统中,替代性资源要素的显著增加使农户生计多样化、非农化、专业化转型对自然资源类要素的依赖减小,也就是说,在一定程度上,经济-社会发展背景塑造了环境移民生计的重建及未来发展。

此外,环境移民迁出减缓了迁出地的生态环境压力,有利于生态环境的改善恢复,而环境移民汇款增加了迁出地乡村收入,为乡村发展提供了资金,促进了迁出地乡村转型发展[61, 77],但在环境移民迁出后,迁出地因人口流失也易出现传统农业被遗弃、传统生计模式受到破坏,原有村落社会文化、人文景观逐渐消失,乡土文化出现断裂、乡村发展衰落乃至消亡等问题。总之,环境移民生计重建及

转型发展是一个复杂且系统的自然、经济社会综合问题，广泛涉及自然、经济社会、文化传统、制度政策等多方面因素，各影响因素在不同层次维度自然-社会经济系统中的作用机制既有所不同又紧密联系，如政策在不同空间尺度自然-社会经济系统中的效应问题。目前，环境移民生计重建发展的研究重心一般聚焦在农户、乡村等微观层面和本地层面，而宏观层面的国家宏观政策、制度等的影响易被低估，低估了国家宏观政策、制度对微观层面环境移民生计发展、乡村转型发展的影响作用，宏观政策、制度在不同空间尺度的效应转化等研究有待进一步深化，应加强系统性实证研究。

5) 环境移民生计策略影响因素研究

环境移民生计策略是环境移民为抵御外界压力或增加自身福利而采取的各种响应行为组合，其目的是促进自身生计可持续发展和提高自身福利水平。现有环境移民生计策略选择研究内容，主要集中在环境移民生计策略选择影响因素识别及其作用机制，环境移民替代生计建设路径、模式等方面。环境移民生计策略影响因素识别研究主要关注环境移民生计资本、教育水平、资源管理政策与移民生计策略选择的相互作用关系[78, 79]。Bui 等对越南西北部环境移民生计发展研究表明，移民后环境移民自然资本显著下降，收入降低，而相关补偿因多被直接用于农户消费而非投资于农户生计资产，导致补偿结束后环境移民生计出现恶化乃至生计贫困[80]。Manatunge 等对斯里兰卡与印度尼西亚环境移民生计发展研究表明，充分识别风险和制定适应当地经济社会条件的安置方案是有效保障移民生计重建的关键因素[81]。以上研究也表明，环境移民生计建设发展不仅需要新生产要素的持续投入，更需要良好的激励政策及发展环境，直接货币补偿政策虽然相对高效，但在一定程度上损坏了环境移民生计自我可持续发展能力。不同地域、不同类型环境移民生计策略选择影响因素存在显著差异，如渔民对水文气候变化的敏感程度远高于其他生计类型环境移民。可替代性生计资源的显著增加有助于环境移民生计建设，以及抵御环境变化带来的负面影响。Pouliot 等研究显示，森林退化通常被认为对山地居民生计产生负面影响，但在非林地地区可提供与森林同等生计资源替代产品时，森林退化对农户生计发展的负面影响并不明显[82]。整体上，环境移民生计策略选择影响因素受区域自然环境、经济社会发展水平、家庭原有生计模式和自身素质条件等多种因素综合影响，不同地域影响环境移民生计发展的主导因素存在显著地域差异。因此，环境移民生计建设应重视不同区域移民生计资产可替代性要素的差异化供给，因地制宜，精准施策，如针对主导影响因素不同，对环境移民有针对性地提供诸如教育培训、新技术、金融信贷、市场信息等相关方面的保障支持措施。

与国外大多数非自愿环境移民相比，中国生态移民研究经验表明，补偿移民因生态修复产生的机会成本，并为移民提供更好的替代性生计是巩固生态修复成果、实现生态环境恢复的基础[52, 83]。相对于国外，国内研究主要侧重生计资本、土地利用模式对生态移民生计的影响。对典型生态脆弱区农户及生态移民研究表明，自然环境、经济社会条件、农户自身素质及其生计资产是影响移民生计多样化和土地可持续利用的主要影响因素[84, 85]，而在自然环境条件良好的都市郊区，土地利用的低效益则是推动土地非农化转变和生计多样化的主要原因[15]。农业生产的低效率、生计非农化的高收益和务农机会成本增加是影响城乡交错带移民生计的关键因素。

3. 环境移民生计研究重点展望

1) 多重约束条件下的环境移民生计重建

环境移民多因生计受到威胁而进行迁移，而在环境移民生计建设发展方面面临诸多自然环境、经济-社会等多方面多维度约束条件。环境移民生计建设涉及自然环境、经济-社会和制度等众多方面，需要开展跨学科综合性研究，并在规划设计环境移民生计建设综合方案时统筹环境移民、当地居民、当地政府等多个利益相关者的权益，实现统筹协作，将环境移民生计建设、生计升级转型发展与生态环境修复等问题置于同一分析框架内。在同一分析框架内探讨环境移民迁移、生计贫困与生计重建发展的相互作用关系、机制，寻求不同发展阶段环境移民生计建设、生态环境保护及机会成本之间的平衡，着重探讨经济全球化发展中国家新型工业化、信息化、城镇化、农业现代化进程多元化背景下，生态环境保护与经济社会协调发展目标下，环境移民生计建设机制、路径、模式及相应保障政策建议等研究，要重视经济社会、政策制度在不同区域、不同尺度的适用性及尺度间效应变化。由于不同生计类型环境移民在生计资本数量、质量、结构组成、抗风险能力、资源依赖度和生计重建能力等方面均存在明显差异，其生计重建及发展主导因素也不尽相同，如交通条件、耕地数量质量及农田灌溉条件等是平原地区环境移民生计重建的主导因素[69]。要注重不同生计类型环境移民生计建设差异性，研究明确不同生计类型环境移民生计建设的主要影响因素及其作用机制，规划构建不同生计类型环境移民生计重建路径、模式，是有效实现环境移民生计建设的关键。此外，虽然农户可持续生计分析框架(SL)应用广泛，但该分析框架在各类生计资本赋权方面与现实存在较为明显的不符，而各类生计资本对农户生计建设的影响程度是存在差异的，并具有明显的地域空间异质性，即同一生计资本在不同地域对环境移民生计重建发展的影响权重存在变化，并且农户可持续生计分析框架在使用过程中存在数据获取成本高、量化分析较为困难且结论不明确等缺陷，缺乏一定的操作性，故农户可持续生计分析框架更适用于环境移民生计重建的概念分析而不是量化评估，未来需着重加强在环境移民生计定量化模型开发方面的研究，尤其注重融合经济社会、政策制度等多约束因素的定量化模型开发。

2) 环境移民监控与环境移民安置、生计重建综合效应研究

环境移民多出现在欠发达国家与地区，环境移民数量、规模、迁移路径和目的地并无准确的监控数据，尤其是在撒哈拉沙漠以南非洲地区，经济社会发展的不稳定频繁引发环境移民出现，严重阻碍了当地政府与联合国环境规划署、世界银行和国际移民组织等国际组织对环境移民安置、移民生计重建的援助。人口迁移作为人类适应环境变化的重要策略，是贫困人口生计策略的重要组成部分。应进一步加强对环境移民易发区域环境变化与环境移民产生的监控，为潜在环境移民提供必要的信息、金融和技术等方面的支持援助，并尽可能减少不必要的环境移民产生。而在必须进行环境移民的地区鼓励开展有计划有规划的环境移民，并提供相关政策支持，尤其是为跨境环境移民提供信息、基本技术、语言、医疗等方面的精准援助。同时，注重制定合理的环境移民安置规划，避免环境移民随意放弃规划安置地现象的出现[86]。环境移民生计模式在一定程度上决定了区域环境资源的主要利用方式，不仅关系迁入地生态环境、经济-社会环境可持续发展，甚至影响迁入地经济社会发展的稳定。现有研究主要侧重于环境移民生计建设的生态环境效应研究，对环境移民生计建设的经济社会效应研究重视不足，不利于消除环境移民生计重建的潜在负面影响，如大量移民进入城市导致的犯罪、社会对立等问题[87]。因此，环境移民生计重建综合效应研究是针对环境移民生计重建制定有针对性的金融信贷、信息技术及教育培训等辅助政策的基础，是降低环境移民生计重建发展负面影响的关键性前置条件。

3) 微观层面环境移民与迁入地居民生计的协同可持续发展

大规模环境移民迁入势必对迁入地自然生态-经济社会系统的平衡及发展造成一定冲击。同时，环境移民与原居民在生计发展方面存在一定的竞争关系，尤其在欠发达国家与地区，经济增长速度相对有限，工作机会及经济社会资源相对不足，从而对迁入地原居民生计发展造成较大的冲击及竞争压力。如何有效地实现环境移民生计重建及可持续发展与原居民生计协同可持续发展也就成为亟待解决的关键问题。环境移民进行迁移意味着其自然资本、物质资本、社会资本等生计资本大部分丧失，同时在新环境中是以一个相对弱势群体的姿态出现，在公平参与迁入地经济社会活动过程中甚至存在制度性歧视，尤其是自发性环境移民受到迁入地原居民歧视的可能性更高，这就有可能造成迁入人口与原居民间的对立矛盾，对迁入地经济社会的稳定产生潜在威胁。也就是说，环境移民在迁入地生计重建方面可能面临着来自迁入地社会文化、经济制度和获得平等居民身份权利等方面的多种障碍，所以实现环境移民生计重建与原居民生计的协同可持续发展，就成为促进环境移民生计重建发展和促进环境移民有效融入迁入地社会经济环境，共享经济社会发展成果的关键基础，也是解决环境移民生计重建及可持续发展问题的终极目标。

4）发展中国家城市移民生计问题

部分发展中国家与地区由于农业生产模式的偏差和土地制度改革的不彻底，加之气候变化引起的生态环境退化、洪涝、干旱灾害等原因导致大规模环境移民流入城市，形成了人口膨胀的大型城市，甚至是超大型城市，如印度的孟买、墨西哥的墨西哥城和巴西的圣保罗等，并产生了如贫民窟、贫困、犯罪和社会对立等一系列社会经济问题[87]。据《2011 年世界人口状况报告》数据显示，2010 年发展中国家与地区城镇贫民窟居民人口数量约为 8.28 亿人，占城镇总人口的32.7%。大规模涌入城市的环境移民由于生计贫困，形成了大量城市贫民窟，并导致城市犯罪滋生及频发、社会不稳定和城市环境污染等一系列城市发展问题。同时，城市贫民窟饮用水、教育、医疗和住房等基础设施保障条件差，进一步影响了移民下一代的发展，形成贫困代际传递，并可能形成恶性循环，这成为发展中国家与地区城镇化难以根治的"顽疾"，导致发展中国家与地区城镇化水平质量低。因此，对城市移民要进行有效地规划与管理，进行有计划安置，促进城市移民在迁入城市就业谋生，防止形成大规模的城市贫民窟。城市贫民窟是发展中国家与地区快速城镇化进程中的难题，也是发展中国家与地区完全实现城镇化过程中必须解决的根本性问题。因此，如何通过促进经济发展，在发展过程中从教育培训、城镇规划、城镇公共服务、政策制度和社区管理等方面给予城市移民倾斜性支持，促进城市移民生计转型，促进其就业，帮助其快速融入迁入城市并分享经济发展的成果，是最终实现城市(环境)移民生计重建及可持续发展，并在真正意义上实现高质量城镇化建设的关键。

4. 环境移民未来研究发展趋势

当前，欠发达国家与地区环境移民生计建设项目的规划开展及建设资金多来源于发达国家与联合国环境规划署、世界银行和国际移民组织等国际组织的援助，环境移民生计建设项目多侧重技术操作层面的应用研究，以点研究为主，覆盖范围相对有限。从环境移民产生的根本原因来看，不同地区存在一定差异，如在非洲大多数地区，维持国家社会经济安定与促进地区经济发展是解决地区环境移民产生及实现环境移民生计可持续发展的根本。同时，由于生计存在"路径依赖"，加之环境移民自身条件等方面存在各种不足，在缺乏有效引导帮扶的情况下，环境移民无法自发完成可持续生计的建设及发展，易出现重操旧业导致环境再次恶化并引发更严重环境退化、经济-社会问题的风险。因此，应重视对环境移民产生、迁移的监控，对潜在环境移民及环境移民提供教育、金融和技术等多方面援助，从源头减少环境移民产生。同时，要关注环境移民生计重建方面的权益平等问题，尤其在政策制度层面为环境移民提供相对平等的权利及发展途径，这就需要涉及环境移民的多个利益相关者的统筹协作。中国生态移民生计建设和安置的成功实践经验表明，政府有组织、有计划地实施环境移民工程建设，并向移民提供教育、医疗、金融、技术和政策等多方面的援助是实现移民安置、移民生计重建及可持续发展的关键。同时，中国生态移民安置是由政府主导的"自上而下"式的主动迁移过程，具有良好的组织性与计划性[88]，在组织移民迁移安置实施方面具有较高的效率，但也存在"一刀切"式的迁移条件和补偿合理性等问题。一方面，在环境移民迁移安置及其生计重建发展等方面对移民自身条件、生计类型和地区自然环境、社会经济条件等方面的时空异质性重视不足，使生态移民在消除贫困、提高移民生活水平和实现生态环境恢复方面的多重美好愿望无法完全实现；另一方面，在大部分欠发达国家与地区，政府缺乏对环境移民生计建设的组织干预能力，而自发性的无组织的环境移民及其生计建设甚至会加剧迁入地环境退化，放大环境移民对迁入地经济-社会稳定发展的负面影响。所以，解决全球性环境退化等导致的环境移民问题需要在国家层面、国际层面制订相应的行动框架、政策并进行充分沟通协调，但目前该方面的沟通协调相对缺乏且在实施上存在一定的困难，如《联合国气候变化框架公约》并未考虑气候变化对人口迁移的影响，同时发达国家与地区，以及国际组织对进一步加大对欠发达国家与地区环境移民生计建设援助等问题上也存在一定分歧。

1.4.2　国内生态修复与农户生计转型发展研究进展

国内环境移民生计研究是随着国家生态修复建设与乡村扶贫工作的深入开展而逐渐发展起来的。早期工作以乡村救济式扶贫研究为主，后期注重生态环境恢复与智力、能力扶贫并重。在研究地域上，主要集中在中国的西北干旱区、西南喀斯特山区、青藏高原边缘区等生态环境脆弱与经济社会发展落后的重叠区。徐江等较早对国内环境移民问题进行了较系统的实证研究，认为生态环境承载力不足是产生环境移民问题的关键因素[89]。国内环境移民生计研究多以农户可持续生计分析框架为基础，偏重自然环境要素、物质因素及环境移民生计模式差异、生计资本变化、生计策略选择影响因素等基础性研究，研究视角相对单一[90-92]，现有研究缺乏融合自然生态-经济社会因素的综合性系统实证研究。良好的生态环境是关系国家可持续发展的根本。随着国家生态修复建设的深入推进，国内针对生态修复建设与农户生计转型发展的相关研究已普遍引起国内外政府和学者的广泛关注。

中国工业化、城镇化、信息化的高速发展和人口持续增长引起的对生态环境、资源的过度开发利用，已导致严重的生态退化及环境污染问题，在生态环境脆弱区尤甚。为改善及修复退化生态环境，使其生态服务功能好转，并促进生态环境脆弱区经济社会发展、乡村产业结构调整和农户生计升级转型发展，中国政府投入大量资源实施了一系列大规模的区域性与全国性并行的生态修复建设工程(区域性生态修复建设工程,如西南喀斯特地区土地石漠化综合治理工程,全国性生态修复建设工程,如退耕还林还草工程)。中国于 1999 年开展了以退耕还林还草工程为代表的大规模生态修复工程建设,首先在陕西、甘肃和四川三省试点开展,2002 年后在全国范围内全面开展。退耕还林还草工程是中国最大的生态建设工程项目,也是全球最大的生态建设工程项目。截至 2012 年,全国退耕还林还草建设实现造林面积 0.294亿公顷。1999~2013 年,国家仅退耕还林还草一项建设就累计投资 3541 亿元,涉及 3200 万农户 1.24 亿农民,完成退耕还林面积 9.3 万平方公里,宜林荒山造林面积 17.5 万平方公里,封山育林面积 3.1 万平方公里。生态修复工程的建设实施取得了显著生态效益,其中仅退耕还林还草工程重点监测的河北、辽宁、湖北、湖南、云南、甘肃等六省的总生态效益价值就高达 4502.39 亿元[93]。

由于退耕还林还草工程建设区主体位于我国西北、西南及东北等生态脆弱区和重点生态保护区,主要实施坡耕地退耕还林还草等生态保护措施。生态修复建设区不仅生态环境相对脆弱,乡村经济社会发展也较落后,农户生计相对贫困且对环境资源依赖性高,而生态修复建设中禁止陡坡耕种、砍伐柴薪、任意放牧和封山育林等生态修复措施对当地乡村经济发展及农户生计转型发展造成了一定影响。

以西南喀斯特地区为例,西南喀斯特地区喀斯特发育强烈,地形崎岖破碎,水土流失、植被退化和土地石漠化等生态环境退化问题严重,加之区域经济社会发展相对落后,尤其是乡村经济发展水平低,农户生计相对贫困率高,农户对耕地等环境资源依赖度较高,农户家庭耕地中坡耕地面积占比大,区域水土流失、植被退化、土地石漠化等生态环境退化问题与农户生计发展存在密切的相互作用联系,大规模实施土地石漠化综合治理、退耕还林还草、植树造林、封山育林等生态修复工程建设采取的禁止陡坡耕种、砍伐柴薪、任意放牧和封山育林等生态修复措施,在短时间内导致农户耕地面积减少,势必对农户生计转型发展造成影响。生计是人类谋求生存的基本活动,决定了人类对自然环境的作用方式,农户生计方式的改变又反作用于区域生态环境的演化趋势。农户作为乡村独立的基本经济和社会行为决策单元,数量巨大,其生计方式决定了区域生态环境的演变发展趋势[22]。因此,农户生计方式的改变及转型发展成为决定区域生态修复建设成功的关键。生态修复与农户生计转型发展之间的相互作用关系也成为学界关注的焦点问题,也是巩固生态修复成效,提高生态修复效率,实现生态修复与农户生计转型发展协调可持续发展的关键所在。

从生态环境恢复、生态修复成效保持的角度看,农户作为乡村独立的基本经济和社会行为决策单元,数量巨大,其生计转型发展是区域环境演变的主要驱动力之一,农户意愿和行动对实现区域生态修复建设和生态修复成效巩固[22, 94],乃至区域生态环境与经济社会协调可持续发展均具有至关重要的影响作用。目前,生态修复建设在生态修复规划管理、技术设计及实施过程层面中，农户在诸如修复物种、修复模式选择等方面缺乏自主权，往往成为生态修复建设的被动执行者而非主体参与者，并且生态修复建设对生态目标的过分关注，忽视了生态修复建设对农户生计转型发展的影响作用，并不利于生态修复建设及生态修复建设成效的巩固与可持续发展。因此，明确相关生态修复建设区生态修复建设对农户生计转型发展的影响作用，分析生态修复建设对农户生计转型发展的影响作用机制，探讨未来生态修复建设与农户生计转型发展研究中的关键问题，是更好地实现生态修复建设与农户生计转型协调可持续发展的前置基础。

1. 生态修复建设对农户生计的影响

生计是建立在能力、资产(包括储备物、资源、要求权和享有权)和各类活动基础之上的人类谋生方式或手段[36]，是由多样化的社会经济因素和物质策略构建的，这些策略通过个体借以谋生的活动、财产和权利得以实行[95, 96]。生计受自然环境、经济社会和个体条件等多方因素的综合影响是一个综合性问题。为分析简便，本书以国际可持续发展领域应用广泛的可持续生计分析框架提供的生计发展问题核对清单为基础，构建生态修复建设对农户生计影响相关研究的分析框架，从农户生态修复建设意愿及生态修复建设对农户生计资本、农户生计策略、农户生产生活方式、农户生态环境保护意识及农户行为的影响五个方面来概述分析国内生态修复建设对农户生计转型发展影响的相关研究进展。

1)农户生态修复建设意愿分析

农户作为生态修复建设的重要参与者及生态修复建设的具体执行者，农户意愿偏好往往对生态修复建设及其后续管理具有重要的影响作用。现阶段生态修复建设主要由政府管理部门或其委托的、中标的企业或科研院所作为生态修复建设规划决策主体，农户自身意愿在生态修复建设规划及建设实施中难以得到有效体现，而生态修复建设又势必对农户生计造成一定影响，因此明确农户的生态修复意愿及其影响因素，对最终实现生态修复建设具有重要的现实意义。

目前，生态修复建设内容的相对同质性与农户个体诉求的多样性、异质性，使不同地域不同生计类型农户的生态修复建设意愿存在明显的差异。冯琳等研究表明，三峡库区生态屏障区农户退耕受偿意愿具有明显的社会异质性和区域差异性，受农户性别、耕地面积、年收入等因素影响显著[97]；苏芳等在西北干旱区内陆黑河流域对农户参与生态补偿行为意愿影响因素的研究表明，农户自然资本与农户参与生态修复建设意愿呈负相关，农户人力资本、物质资本、金融资本和社会资本对农户参与生态修复意愿具有明显的正面影响效应[98]。张佰林等在重庆云阳县的研究表明，退耕农户对耕地等环境资源要素的依赖程度与农户退耕意愿呈现负相关关系[99]。张春丽等在黑龙江三江自然保护区的研究指出，除去环境资源因素对农户生态修复意愿的影响，农户收入来源、农户谋生能力对农户生态修复意愿也具有重要的影响作用[100]。以上研究表明，大部分受生态修复影响农户的生计对环境资源要素的依赖程度决定了农户生态修复建设意愿。本质上，生态修复建设对农户生计发展的影响程度决定了农户参与生态修复建设意愿的偏好程度，农户基于成本效益及自身收益最大化的原则，权衡分析生态补偿是否可以弥补生态修复建设对自身生计造成的损失，从而决定其对生态修复建设的意愿。

此外，区域生物地理因素差异塑造的不同农业生产格局、不同生产模式对农户生态修复意愿也具有显著影响。在生物地理条件适宜果树栽培的地区，农户更支持退耕还林发展经果林；在适宜牧草种植发展畜牧业的地区，农户明显更倾向于退耕还草发展畜牧业。所以，了解区域生物地理因素差异，明确这些因素与农户生计生产活动的联系，以及对生态修复建设的影响，可帮助决策者制定更有效、更有针对性的政策措施，提高生态修复建设效率，促进农户生计转型发展[52, 94, 101]。所以，基于区域自然生态环境特性、经济社会发展水平及区域文化等因素制定相应的多元化差异性生态补偿政策，弥补当前"一刀切"式生态补偿方式的不足，对提高农户生态修复建设意愿，促进生态修复建设、巩固生态修复成效及可持续发展具有重要的促进和保障作用。

2) 生态修复建设对农户生计资本的影响

现有生计资本与生计发展的关联研究主要以 Chambers 和 Conway[36]、Sen[37]等基于解决贫困和"资本-能力"理论建立的农户可持续性生计分析框架为基础（图 1-1），以农户生计转型发展过程中生计资本数量、质量、组成结构变化及其影响因素等为研究主题。相关研究表明，生态修复建设并未普遍地促进参与生态修复建设农户生计资本的增加，生态修复建设对农户生计资本的影响具有显著的地域性和结构性差异。生态修复建设主要导致农户耕地等自然资本减少，对其他类型生计资本的影响并不显著，其对农户生计转型发展影响程度也存在较大的个体差异，生态修复影响差异主要是由农户生计资本构成结构不同引起的。张丽等在甘南黄河水源补给区的研究表明，生态补偿使农户生计资本总量显著增加，且增幅从半农半牧区、农区到纯牧区呈现依次减小的趋势[102]。林波等在川西地区的研究显示，退耕还林还草短期内并未对乡村经济社会转型发展带来明显的促进作用，农民收入仍然非常低[103]。

在生态修复建设是否增加了受影响农户收入这一问题上，现有研究尚存在一定争议。林颖以陕西省为例，针对退耕还林还草工程对农户收入影响的研究表明，农户收入增加主要源自退耕还林还草引起的家庭劳动力外出务工而带来的工资性收入的增长，而非生态补偿[104]。王欠等在川西地区的研究则表明，退耕还林还草面积、生态补偿补助额度与农户收入存在较强关联性，农户收入与退耕还林还草面积的关联度曲线呈"U"形变化[105]。李桦等在陕西省吴起县和王超等在甘肃省会宁县的研究均显示，生态修复建设造成农户农业种植收入下降，但农户总体收入还是有所增加[106, 107]。分析认为，生态修复建设对农户生计转型发展方面的影响效应存在时间维度差异，生态修复建设短期内造成的农户耕地减少对农户生计资本产生了一定负面影响，长期来看，生态修复建设引起的生态环境改善整体上促进了农户生计转型发展。谢旭轩等对宁夏和贵州退耕还林还草对农户生计可持续发展影响的对比研究表明，生态修复建设同期的林木业和养殖业短期内难以成为农户生计的替代性收入来源，使退耕还林还草在短期内对农户种植业收入产生相对较大的负面影响[108]，并且同一生态补偿标准对不同生计类型农户生计资本的影响也存在显著差异[109]。因此，创新多元化、多样化、差异化的生态补偿方式或工具就成为未来生态补偿研究的重要课题之一。

3）生态修复建设对农户生计策略的影响

生态环境退化问题往往对乡村低收入群体的影响最为显著且深远[110]，而乡村低收入群体自身生计资本及生计策略的缺乏，也导致其生计受生态修复建设的影响更为显著。生态修复建设中，农户生计类型的不同，农户生计多元化、专业化程度和农户收入水平差异等因素是决定生态修复建设对农户生计策略影响的关键因素[111-113]。生计资本作为农户实现生计策略的基础，生态修复建设通过影响农户生计资本或提供替代性生计而作用于农户生计策略。相关研究普遍认为农户生计资本数量、质量、组成结构对农户生计策略具有重要的影响[114, 115]。苏芳等在甘肃张掖市对农户生计资本与农户生计策略相互作用的定量研究表明，农户不同类型生计资本的变化，对农户生计策略选择及发生的影响比率存在显著差异，同等条件下，农户金融资本变化对农户生计策略的影响要显著高于农户自然资本变化的影响[116]。这表明农户不同类型生计资本变化对农户生计策略的影响存在显著的权重差异，因此在农户生计资本建设方面要有所侧重。由于自然资本直接关系农户的基本生存安全，所以农户自然资本不足往往迫使农户转变生计模式另谋生路，在满足自身基本生存安全的基础上，农户人力资本、物质资本、金融资本与社会资本对农户生计转型发展的影响，主要体现在对农户生计多样化、专业化与非农化发展方面的影响，农户生计多样化策略的多元组合主要依赖于农户非自然资本的数量、质量与组成结构[114]。目前，中国生态修复建设地区大部分受生态修复建设影响农户的家庭收入增长主要源于家庭劳动力外出务工等非农化生计活动而非生态修复建设的影响[117, 118]。生态修复建设是否促进了乡村农户劳动力非农化转移，目前学界也并未形成共识[104, 108]。长时间维度上，农户生态环境保护意识和农户整体素质的普遍提高，国家生态修复建设投入的持续增加，工业化、城镇化、信息化、农业现代化进程的迅速发展带来的巨大非农就业市场，城镇及乡村新非农就业机遇的显著增多等多重积极因素的影响，加速了农户生计转型发展、乡村重构转型发展，对农户生计策略、乡村经济社会发展带来了深远影响，并影响生态修复建设，以及生态修复成效的巩固与可持续发展。因此，生态修复建设对农户生计转型发展影响研究需要长时间维度的跟踪随访研究，以明确生态修复建设对农户生计转型可持续发展的长期影响作用。

农户在生计策略选择上，不同生计类型农户对生态补偿方式具有不同的偏好。一般情况下，农户生计非农化程度越高，农户越倾向于接受非物质化生态补偿；以农业为主要生计的农户倾向选择物质化和技术支持型生态补偿，以非农经营为主要生计的农户则倾向选择政策性和资金支持型生态补偿[111]。在农户替代性生计方面，生态修复建设相关配套支持措施虽可为农户提供一定的替代生计，如经果林种植、中草药种植等，但并未实现生态修复建设改变农户传统生计，促进农户生计转型发展的潜在期望，绝大部分农户仍旧从事与林业、畜牧业、农业直接相关的传统生计。此外，农户自身在替代性生计建设上缺乏明确的发展规划，农户偏好在旧有生计基础上建设低风险类型生计[100, 119]。也就是说，农户生计存在较强的生计路径依赖，农户厌恶风险，更倾向于重操旧业，这也是导致生态修复建设及其成效较难实现可持续性的重要原因之一。Uchida 等对贵州和宁夏部分生态修复建设区生态修复建设对农户生计转型发展影响的研究表明，退耕还林还草生态工程建设结束后，分别有 34%、29%的农户有复垦意愿[120]。农户复垦意愿与行动的不确定性为生态修复建设成效巩固增加了很大的不确定性。

综上所述，在农户生计资本贫乏、缺乏替代性生计或替代性生计收益过低的情况下，生态修复建设及其成效的长期可持续性将受到农户复垦等生计活动的严重挑战。目前，随着农户生计多样化、专业化及生计非农化水平的提高，技术条件、市场风险、人力资本、金融资本和家庭经济状况，以及市场信息、贸易政策等因素已成为影响农户生计策略及农户替代生计建设的主要因素[121]。因此，明确生态修复建设对农户生计策略的影响，在农户替代性生计建设方面提供信息、技术、技能培训、政策制度、金融资金等诸多方面的支持，并帮助协调农户、企业和政府等生态修复建设相关利益者间的关系，对促进生态修复建设及农户生计转型发展具有重要的现实价值。

4) 生态修复建设对农户生产生活方式的影响

在部分地区，生态修复建设已成为政府进行乡村产业结构调整，促进乡村经济发展的一个契机。生态修复建设促使低产耕地逐渐退出农业生产领域，推动了农业生产条件改善，加速了农业生产技术改进和农作物品种改良，使农业生产、土地利用结构及农业劳动生产率发生改变，提高了农业耕作集约化程度和生产要素投入，使乡村产业结构发生改变，乡村种植业占比下降，农户养殖及外出务工等兼农、非农化生计占比显著增加[106, 107]，促进了农业生产转型发展及乡村产业结构调整。何蒲明研究表明，生态修复建设导致的耕地减少并未对农业粮食生产造成负面影响，反而由于生态修复建设区农业生产条件改善，以及宜农区农业生产技术改进，农业粮食总产量反而略有增加[122]，但生态修复建设造成粮食生产潜力出现了一定的下降。刘洛等采用全球农业生态区模型对全国耕地粮食生产潜力变化的研究表明，2000～2010 年中国仅退耕还林还草工程建设就导致全国粮食生产潜力下降了 495.66 万吨[123]。林波等在川西地区的研究也表明，生态修复建设在短期内并未对农户农业生产方式、耕作方式、生活方式产生显著影响[103]。

　　作为解决生态环境退化问题的主要政策途径和重要政策工具之一的生态补偿，是促进生态修复建设的重要措施。生态补偿的科学合理性以及是否具有有效正向激励作用，对有效促进生态修复建设，实现生态修复成果巩固，推进农户生计转型发展具有重要的推动作用，而缺乏正向激励作用的生态补偿往往适得其反，甚至进一步加剧生态环境退化。生态补偿可帮助农户转变生活乃至生产方式，降低农户生计生态足迹，有利于生态环境的保护和恢复[124]。生态补偿对农户生计转型发展影响研究表明，实施生态补偿后，受补偿农户生计方式发生了一些变化，主要表现为非农生计型农户比例增加，农户生计多样化程度提高[125]。生态修复是否在普遍意义上促进了农户生计多样化、非农化、专业化转型，学界尚未取得共识。研究表明，退耕还林还草等生态修复建设降低了农户流动性约束，促进了农户在非农就业领域和商业部门的劳动力分配[126-128]，但研究中并未明确发现生态修复建设是否直接促进了农户劳动力非农化、专业化转移[108]。分析认为，在生态修复建设对农户生计转型发展的影响研究中，受区域生物地理环境、经济社会发展环境差异、农户生计多样化水平、生态修复影响程度、生态修复实施年限及生态补偿差异等原因影响，造成了相关研究成果在相关结论上的不一致性。因此，生态修复建设对农户生计转型发展的影响研究要充分重视区域自然、经济社会发展环境的空间异质性。

　　生态修复建设对受影响农户生计转型发展并未表现出普遍性的就业调整作用或引导效应，生态修复建设对农户生计转型、农户家庭劳动力转移的影响作用受农户自身条件、生计资本、区域自然环境、经济社会发展条件和生态修复配套政策及生态补偿差异的影响。现有生态补偿绝大多数是静态的货币补偿，未考虑经济发展、技术进步、通货膨胀、农产品价格波动及农户生活水平提高等因素变化的影响，因此生态补偿正向激励作用的不确定性提高。

　　5) 生态修复建设对农户生态环境保护意识及保护行为的影响

　　随着中国生态修复建设的持续推进及生态修复效益的逐渐显现，农户生态环境保护意识逐步提高，生态保护意识逐步深入人心[83, 129]。与生态环境保护意识提高形成鲜明对比的是，在实际农业生产活动中，农户却较少考虑其生产活动的生态环境效应[130]，也就是农户生态环境保护意识的提高并未转化为农户实际的生态环境保护行动。农户行为模式的改变对生态修复建设具有重要的影响作用，如山区农户砍伐柴薪直接导致山地植被的破坏乃至退化[131]，而坡耕地退耕与坡耕地梯田化建设可有效降低水土流失和土壤侵蚀。对农户生态环境保护行为的动机分析认为，农户在遵循经济理性和个人利益最大化原则下，若某一农户破坏生态环境获得收益而不采取治理措施，破坏生态环境的农户相较其他未破坏生态环境的农户能获得较高的短期收益，而产生的损失由全体农户承担，并且该农户不会受到相应的惩罚，则该农户也不会主动采取治理行动，最终出现集体不作为而导致生态环境的持续恶化，即出现农户个人的理性策略导致集体非理性结局的悖论。这也是在农户缺乏替代性生计情况下，部分生态修复项目失败的重要原因所在[75, 132]。因此，在生态修复参与农户后续生计建设发展过程中，除提高农户生计多样化、专业化、非农化进程外，还应持续建设及完善生态修复补偿、农户替代性生计培育等措施，尤其是生态修复效益与生态补偿额度间的分配机制，最终从制度上促使农户将生态环境保护意识更好地转化为自身的生态环境保护行为，并且针对农户破坏生态环境的行为应制定一定的惩罚制度，避免出现个人理性策略导致的集体非理性结局悖论的出现。

2. 生态修复建设对农户生计影响主要研究方法

农户生计转型发展受自然环境、经济社会环境和农户自身条件等多方面因素的综合影响，具有复杂性、动态化和区域性特点。中国生态修复建设项目多位于交通偏远、乡村经济发展水平落后的山区等生态环境脆弱区，这些地区一般具有经济社会发展落后和生态环境脆弱叠加的特点，农户生计多样化、专业化水平低，农户生计对土地等环境资源的依赖大。农户生计普遍具有经济规模小、资本少、技术水平低及抵御自然灾害、市场风险能力弱等特点，导致生态修复建设及生态补偿政策对自然环境、经济社会环境差异显著的不同地域农户生计转型发展的影响程度难以预测[133]，因此不同地区生态修复建设成效存在较大的区域差异。为更好地制定科学合理的生态修复建设规划、生态补偿政策，许多学者基于可持续生计发展理论，并结合多种数理统计与计量经济学分析方法定量化研究了生态修复建设对农户生计转型发展的影响。其中，应用较多的主要有抽样问卷调查法、参与性乡村评估法、Logistic 回归模型等方法，并且在实证研究中注重了多种方法的综合应用(表 1-1)。

表 1-1　主要研究方法/技术手段及其典型案例区域

典型研究方法	方法运用	案例单元	案例成果
抽样问卷调查法、SPSS 分析软件	利用调查数据运用 SPSS 数据分析软件分析农户退耕意愿的主要影响因素	陕北5个县(区)	曹世雄等[94]
参与性乡村评估法	建立生计资本指数、生计资本总指数与生计多样化指数，分析退牧还草工程的生态补偿对农户生计发展的影响	甘南6个县(区)	赵雪雁等[125]

典型研究方法	方法运用	案例单元	案例成果
参与性乡村评估法、Logistic 回归模型	通过问卷调查和 Logistic 回归模型，研究农户对退耕还林工程的认识和态度，农户响应及其主要影响因素	甘肃定西大牛流域	马岩等[134]
灰色关联分析方法	构建灰色关联度模型，识别退耕还林政策对农民收入影响程度、主要影响因素及区域差异	川西阿坝、甘孜、凉山 3 个自治州	王欠等[105]
可持续生计分析框架、Logistic 回归模型	量化农户生计资本，建立农户生计资本测度指标，利用 Logistic 回归模型分析生态补偿方式对农户生计策略的影响作用	甘肃省张掖市	苏芳等[111]
匹配倍差法	以非退户作为对比，运用匹配倍差法分离出退耕还林的净影响，再运用参数方法等数理统计方法进行影响假设检验	宁夏固原地区和贵州毕节市	谢旭轩等[108]

以上研究方法的实践应用主要以生态修复建设区典型乡村或典型区域为案例的点状研究为主，且研究案例区域大部分处于相互孤立的状态，缺少横向间的对比研究。同时，生态修复建设对农户生计转型发展影响相关研究方法在实际运用中，研究数据主要是通过抽样问卷调查、农户访谈等方法获得，但在问卷调查中发现，生态修复建设区农户家庭青壮年劳动力出现大规模的外流，在劳动力外流驱动因素及其作用机制研究中，如何区分生态修复建设的影响与外出务工高收入吸引力等不同影响因素对乡村劳动力外流的影响作用，对明确完善生态修复建设规划、生态补偿政策及促进农户生计转型发展具有重要的实践意义，这也是未来研究需解决的重要问题之一。

3. 国内生态移民生计发展研究关键问题

1) 生态修复技术、生态修复模式与农户生计发展问题

生态修复技术直接影响着生态修复建设的成效，进而影响生态修复建设的投入成本、效率及后续管理，影响农户参与生态修复建设的意愿及农户生计转型发展，是生态修复建设中极其重要的基础环节。目前，国内生态修复建设以地表植被恢复为首要目标，主要利用包括人工辅助恢复、植树造林、自然封育等多种生态修复方式。当前生态修复建设在实现植被覆盖率提高的同时，显著改善了以水土流失、植被退化等为代表的区域生态环境问题，取得了较好的生态效益。其中也存在一定的不足，如生态修复植物物种的选取多根据实际经验选取，缺乏直接支持的基础科学研究作为生态修复物种选择的依据，如生态修复物种的生境适应机理研究；不同地域不同生态修复模式中特色适生生态修复物种的选择研究；生态修复物种对干旱、小生境、土壤等不同生境的适应性研究；生态修复建设中植被的演替规律及植被群落稳定性相关影响因素及其作用机制研究等生态修复建设

中植被恢复的基础性研究有待进一步强化，并且在生态修复技术、生态修复模式选择方面缺乏明确的理论支持，尤其是生态修复建设完成后的后效评价标准和评价指标体系、后期利用管理的相关研究等缺乏。

此外，生态修复技术及生态修复模式侧重于生态修复生态效益的实现，在一定程度上忽视了对农户生计转型发展的影响。生态修复物种、生态修复治理模式选择要充分考虑生态修复区域农户生计转型发展问题，如西南喀斯特土地石漠化地区乡村经济社会发展相对落后，农户对耕地等环境资源依赖性大，尤其对耕地资源依赖性高，在生态修复模式选择上要注重优先发展以经济效益与生态效益兼顾的经果林等生态修复方式。

2) 生态修复建设中农户主体作用及后续生计发展问题

中国生态修复建设的最终目标是实现生态修复建设区生态环境恢复与农户生计升级转型及其可持续发展。当前，生态修复建设实施范围、修复模式，生态修复植物物种选择等都由政府部门或科研院所、相关企业规划制定，而在生态修复建设具体操作层面大部分由农户执行完成。农户在生态修复建设中并未形成主动的参与意识与参与机制，仅是被动参与或为获得生态补偿而参与。政府与参与农户之间形成了一种类似雇佣的关系，表面上政府实现了生态修复建设而农户获得了生态补偿，但生态补偿期结束后就意味着这种雇佣关系的终止，将出现农户复耕或生态修复建设区因缺乏后期管护而再次出现退化的危险，对生态修复建设的成效造成严重损害。

现行生态修复建设体制下农户自主选择性小，缺乏主动性，只能被动承受生态修复建设产生的相关负面影响，加之政府在制定生态修复规划时对农户生计转型发展问题重视不够，生态修复建设主要以"外生"模式为主导，忽视了农户作为区域生态环境演变主导驱动因素应发挥的主体作用，出现主体与客体间关系的错配，不利于生态修复资源的高效利用。现阶段，绝大部分乡村农户的生计发展已由温饱生计(满足基本生活需要)导向向收益生计(以获取更好的综合收益为目标)导向转变。因此，生态补偿期结束后，在缺乏持续收益的情况下，农户缺乏持续维持管护生态修复工程的动机，生态环境可能会再次遭到破坏而出现退化，使生态修复建设最终徒劳无功。目前，生态修复建设并未从根本上实现其改变农户传统生计的美好期望，绝大多数农户仍旧从事与林业、畜牧业、农业相关的传统生计。生态补偿期结束后，农户后续替代性生计建设及可持续发展问题是生态修复建设巩固维持其成效稳定及可持续发展的根本性问题。因此，应改变农户被动参与或仅为获得生态补偿而参与生态修复的现状，注重在生态修复建设过程中体现参与农户的主体作用，加强为生态修复建设区农户提供有效的替代生计或产业，创造新就业岗位，为农户生计转型发展提供技术培训、新技术引入、市场信息等支持，促进农户后续生计转型建设及可持续发展。

3）农户生态补偿方式选择及效率问题

生态补偿作为处理生态环境问题的一种有效政策工具集，目的在于通过将生态系统外部价值转化为对生态修复建设参与者的财政激励而增加生态系统服务价值的供给[135]。生态补偿也是建立土地利用决策主体与自然资源管理的社会经济利益连接的一种激励制度[136]。中国生态修复建设中生态补偿方式及补偿标准主要是针对生态修复参与者受生态修复建设影响的原有资源利用或权益产出损失的经济补偿，并不是针对生态修复保护行为所产生的生态服务价值的补偿。而农户生计作为农户在综合自身条件及社会经济环境等内外因素下形成的最优策略，直接的货币、物质等经济激励并不能很好地促进农户生计转型发展，因此直接的货币、物质等经济激励式生态补偿虽然执行相对高效，但在实现农户生计转型发展与生态环境恢复可持续发展方面的成效作用不大，一旦生态补偿结束，农户参与保护生态环境的行为也将随之减弱甚至消失。

因此，在直接经济激励外，应寻求其他更有效的生态补偿方式及机制，如建立并完善跨区域的生态补偿机制，从更宏观的区域发展视角来建立区域层面的生态补偿机制，从而增加微观层面生态补偿资金等生态修复资源的供给。

同时，在实施生态补偿过程中，要更多地赋予生态补偿以促进农户生计转型发展的作用，而不仅是实现短期的生态修复建设目标。所以在当前有限的生态补偿期内，如何促进农户生计转型及其可持续发展，如何消除农户破坏生态环境的驱动因素，从而实现生态修复建设和农户生计升级转型发展的双重目标及其可持续发展，就成为提高生态修复建设成效及生态补偿效率的关键所在。

4）中国工业化、城市化进程背景下生态修复建设与农户生计转型发展研究

随着中国经济的持续高速发展，工业化、城镇化进程持续推进，包括乡村城镇化进程不断加快。乡村经济社会发展路径模式、农户收入结构、消费方式和农业生产方式及户籍制度等都发生了深刻变化，农业生产在农户生计中的影响程度不断降低。现阶段农户生计的转型发展更依赖非农就业领域，主要受非农经济发展变化的影响而非环境资源的影响，这就使生态修复建设与农户生计转型发展之间的作用关系更加复杂化。目前，在中国工业化、城市化建设进入中后期进程的背景下，乡村大规模人口外出务工、乡村常住人口减少及农户收入结构变化等对乡村生态、社会经济发展的影响，生态修复建设与农户生计策略多样化、专业化、非农化转变，进城务工人员本地化与生态修复建设等相关问题，均是工业化、城市化中后期进程背景下生态修复建设与农户生计转型发展研究的重点内容。未来研究中更需重视外部社会经济环境发展对农户生计策略选择的影响研究，并结合工业化、城市化中后期进程中的有利条件，促进生态修复建设区农户生计的转型可持续发展，从而减弱乃至消除生态修复建设区生态环境退化的人为驱动因素。

4. 未来生态移民研究关键核心问题及发展趋势

生态修复建设不仅是生态工程建设，更是解决乡村发展、农户生计转型发展，消除贫穷，促进乡村经济社会与生态环境可持续发展的重要组成部分。生态修复建设成果的巩固及发展更多依赖乡村经济社会发展与农户生计发展模式的转型，其核心就是实现农户生计转型及其可持续发展。一方面，要以生态修复建设及生态补偿为契机，促进农户生计转型和乡村经济发展转型。在增加生态补偿资金投入、适当延长生态补偿期限和提高生态补偿标准的前提下，完善生态修复建设的后续管理、监督制度建设。同时进一步赋权于参与农户，释放农户的自主创新能力，提高农户自主参与积极性。对于生态修复物种和生态修复模式的选取，应根据生态修复建设区不同实际条件，本着实事求是、因地制宜的原则加以适当引导，避免政府主导的粗放式生态修复建设。另一方面，从农户生计转型发展的角度看，农户在收益导向下生态修复建设获得的持续相对高收益是农户参与生态修复建设的根本目的和动力，这就与阶段性的生态补偿存在矛盾，因此，生态修复建设成功的关键就在于，在现有资源及市场环境下，如何实现参与农户获得较好的收益，并保持收益的可持续性。虽然政府在农户生计非农化、专业化、多样化方面的建设持续降低了生态修复建设对农户生计的负面影响和农户复垦等行为发生的概率，但并未从根本上解决生态修复建设自身收益的可持续性问题，该问题的本质及如何解决仍是巩固生态修复建设成果的关键。

中国重要生态功能保护区规划的落地实施包含着保障生态系统服务功能、保护生物多样性和提高区域经济社会发展水平的多重目标，生态功能保护区的开发概念框架和政策研究都围绕这一多重目标开展[137]。不能将生态修复建设仅看作是一个实现生态环境恢复的生态工程，而是应和生态修复实施区乡村社会经济发展、农户生计转型发展紧密结合在一起，作为促进区域乡村经济社会和农户生计转型发展的一个重要契机。通过生态修复工程建设缓解区域人地关系矛盾，使乡村经济社会和农户生计实现新的发展，为乡村经济社会和农户生计转型发展提供新的替代发展路径、模式，优化旧有发展路径、模式，为农户提供更多的生计发展机遇，最终谋求实现生态修复建设区域乡村经济社会、农户生计与生态环境的协调可持续发展，保障生态修复建设成效的长效可持续性。因此，生态修复工程建设中，政府在投入建设生态修复工程的同时，应当根据生态修复建设区的资源环境禀赋特征，因地制宜，制定有针对性、差异性的生态修复支持保障措施，促进乡村经济社会发展，精准施策，积极出台针对性的配套措施，尤其要重视对乡村新型产业发展的培育扶持，培育乡村新的经济增长点，为农户生计多样化、专业化、非农化发展提供载体，促进农户生计多元化、专业化、非农化发展，只有使农户在生态修复建设中得到切实的收益，才能有效提高农户对生态修复建设的响应意愿及行动意愿，只有实现了农户积极参与生态修复，主动管理生态修复成果，才能有效维持生态修复成果，农户保护生态环境的意愿及行动才更具可持续性和有效性，从而实现农户生计与生态环境的协调可持续发展[138, 139]。

微观农户层面，以单个农户生计转型发展为切入点，乡村农户耕地是否可以实现长期可持续利用与农户生计非农化、专业化、多样化及收入来源多元化紧密相关。目前，退耕还林还草等生态修复工程建设中，苗木等一般由政府提供，农户负责栽种，同时政府提供相应的生态补偿，但政府目前的生态补偿标准不能弥补生态修复建设(主要是退耕还林还草、生态公益林建设)对农户造成的直接损失，以及对农户生计造成的负面影响。生态修复建设在短期内对农户生计造成的影响，在生态补偿中并未完全体现，生态修复的生态补偿标准仅是根据生态修复建设占用耕地的产值进行补偿，并不能弥补生态修复建设对农户生计其他方面的影响，如触发农户外出务工、农业生产新技术引进等带来的压力。因此，政府应在乡村基础设施建设，农业生产新技术、新模式引进及农户外出务工信息获取等方面制定相应的支持政策，为农户生计转型发展提供相应的支持保障，降低农户对耕地等环境资源的依赖，从而最终实现生态环境的高效修复与农户生计转型发展的协调可持续发展。

农户作为乡村最基本的社会经济活动单元，数量巨大，农户生计发展是建立在区域环境资源之上的，生态修复建设区一般属于生态环境脆弱区，人地矛盾突出，区域社会经济发展水平较低，落后的乡村经济发展水平与脆弱生态环境叠加，迫于生计，不合理的人类活动极易造成生态环境的退化或破坏。中国经济发展落后乡村与生态环境脆弱区的叠加区，主要分布在我国的西南喀斯特地区、西北干旱半干旱地区、三峡库区等典型生态脆弱区及部分高山高寒地区。生态修复工程建设区的生态环境一般具有环境异质性高、脆弱性强、生态系统抗干扰能力弱且自我修复能力低等特点，生态系统受破坏后自然恢复时间较长；同时，对全球气候变化敏感，生态系统变化时空波动性强，在全球气候变化、极端天气事件频发等背景下，生态环境脆弱性增加，农户生计转型发展过程中的生态环境效应将更加突出。

未来全球环境变化与生态修复建设背景下，乡村经济发展落后与生态环境脆弱区的叠加区，生态修复建设与农户生计转型发展研究需注重以下几个方面。

(1)气候变化背景下生态环境脆弱山地丘陵区农户可持续生计选择、驱动力和发展机制研究，关注从个体行为参与、生态修复建设及生态补偿方式等多方面的综合研究。重视生态补偿期满后，农户可能迫于生产和生活资源不足，而出现复垦等活动造成生态修复建设成果丧失问题的解决。

(2)加强农户生计转型发展驱动因素、农户生计转型发展演变规律及其调控机制、农户生计策略形成的决策响应机制、农户不同生计策略对生态环境的影响作用机制等方面研究。

(3)农户生计转型发展的综合效应评估与监测,尤其是生态修复建设区农户生计转型发展的生态环境效应评估与监测,农户可持续生计模式建设、维持与可持续发展等问题研究。

(4)生态修复建设项目对农户综合福祉发展影响研究,主要是将生态修复建设、生态补偿与区域农户发展福祉进行综合考虑,如生态修复建设与生态补偿要注重补偿生态建设过程中资源利用开发权,利用资源实现一定社会关系,农户自身价值实现及发展等受到严重限制或改变的生态修复建设区农户的综合损失,即补偿农户发展福祉受到的损失。

第二章　西南喀斯特地区生态环境特征与生态修复

2.1　西南喀斯特地区生态基底环境特征

中国西南喀斯特地区属南亚热带—中亚热带—北亚热带气候区，全年气候温暖湿润，降水丰富，雨热同季，加之碳酸盐岩大面积出露，区域喀斯特作用广泛且强烈，地形陡峻而破碎，地表地下双层喀斯特地貌发育良好，形成了复杂多样的水平、垂直小生境。中国西南喀斯特地表小生境根据生态特征可划分为石缝、石沟、土面、石面、石洞等主要地貌类型[140]。此外，西南喀斯特地区不同程度土地石漠化的空间分布、不同植被覆盖条件下的小生境组合均存在较大差异，其主要是由地质构造、岩性和水文条件组合不同导致的喀斯特作用过程(强度)的不均一性造成的。由于碳酸盐岩淋溶需要持续较长时间，而西南喀斯特地区多数碳酸盐岩酸不溶物含量较低，淋溶残留物少(一般不超过 10%)，导致西南喀斯特地区土壤成土速率极低[1]。同时，由于喀斯特作用强烈，地表破碎度高，土壤层薄且分布极不连续，以及喀斯特植被因生长环境的限制性选择作用，导致喀斯特植被具有普遍的耐贫瘠、嗜钙性，同时植被生物量较低，远低于相似纬度区的亚热带地区，中国西南喀斯特地区喀斯特顶级森林群落总生物量(168.62 吨/公顷)仅与亚热带半干旱地区的旱生林群落总生物量相当[2]。西南喀斯特地区崎岖的地表、浅薄破碎的土壤层及低生物总量的植被群落导致其植被生态系统抗外界胁迫能力低，稳定性差，在受到外界不合理干扰破坏后极难恢复，甚至发生退化并发展成为土地石漠化。总体上，中国西南喀斯特地区生态环境的主要特征可简要概括为四点：①具有明显的富钙偏碱性地球化学背景；②垂直剖面上具有丰富的地表地下多层储水空间结构，地表水地下水交换迅速，地表水极易渗漏，造成地表干旱，形成工程性缺水；③植被系统具有石生、旱生、耐贫瘠、喜钙的环境特性且植被生长缓慢，总生物量偏低；④喀斯特地貌水平空间上小生境具有高度异质性[3]，土壤成土速率极低，土层浅薄且不连续，土壤水分含量具有高度时空异质性，土壤富含有机质且高钙，但厚度有限，土壤养分易流失[4]。

2.2　西南喀斯特地区经济社会发展主要特征

中国西南喀斯特地区水土流失、土壤侵蚀及工程性缺水问题严重，乡村经济结构单一，农民收入水平普遍较低，农户相对贫困问题突出。例如，2011 年贵州土地石漠化片区乡村农民人均纯收入为 4167 元，仅是同期全国平均水平的 59.7%[141]。同时，不合理的高强度农业耕作导致耕地水土流失与土地石漠化问题突出，其中贵州省 2010 年水土流失遥感调查结果显示，全省水土流失总面积为 5.53 万平方公里，占全省总面积的 31.37%；2012 年全省土地石漠化面积高达 302 万公顷，占全国土地石漠化总面积的 25.2%[7]。此外，西南喀斯特地表水渗漏严重，虽降水丰富，但地表水难以储存，加之水利工程缺乏，区域工程性缺水问题突出，严重影响农业生产。

西南喀斯特地区多数省份都属于农业大省，但耕地等农业生产资源缺乏，农民自身文化素质不高，尤其严重缺乏优质耕地。例如，2010 年贵州省农业人口水田面积为 326.7 米²/人[142]，土地石漠化地区保灌耕地则不足 200 米²/人[141]，且全省大于 5°以上坡耕地占耕地总量的 84%以上[143]，平坝优质耕地资源严重缺乏。农业劳动力方面，西南喀斯特地区农业人口基数大，但乡村劳动力外流严重，尤其是青中年劳动力，导致乡村留守劳动力质量低。农业生产技术方面，受地区经济社会发展水平及财政收入不足的限制，农业生产领域投入严重不足，如 2011 年贵州省农业固定资产投资仅为 57.89 亿元，大部分地区农业生产以人畜力为主，望天田占比大，保灌耕地占比不足。此外，区域劳动力科学文化素质较低，全省高中毛入学率在全国排最末位，高等教育毛入学率排名全国 29 位；人均受教育年限为 7.41 年，比全国平均水平少 1.64 年[141]。农民科学文化素质普遍较低，阻碍了区域农业生产及乡村经济社会转型发展。

区域农业发展水平低，农业水利基础设施严重不足，农业发展水平远低于全国平均水平。以贵州省为例，2011 年贵州省农用机械总动力为 1850 万千瓦，农业拖拉机（包括大中小型）为 9.76 万台，农用排灌柴油机为 18.45 万台，按播种面积计算其平均水平分别为 3.69 千瓦/公顷、0.02 台/公顷、0.04 台/公顷，仅为国家平均水平的 61.3%、14.3%、66.7%[142, 144]。全省乡村平均用电量为 260.7 千瓦时/公顷[145]，占全国平均水平的 20.5%。区域农田水利基础设施方面，2011 年贵州省水利建设投入资金为 151.78 亿元[142]，也远低于同期国家平均水平。水利基础设施建设资金长期投入不足，致使水利基础设施欠账多，农田灌溉等农业基础设施建设严重不足，农业水资源利用率远低于全国平均水平，其中作为西南喀斯特地区土地石漠化最严重，生态修复建设任务最集中、最严峻的贵州省、云南省与广西壮族自治区三省区的水资源利用率均低于全国平均水平，其中最高的广西也仅为15%，低于全国平均水平5个百分点(表2-1)。

表2-1　贵、云、桂三省区水资源利用现状

区域	水资源总量/亿米³	人均水资源/米³	总用水量/亿米³	水资源利用率/%	农业用水量/亿米³	农业用水率/%
贵州	1206.0	3940	88	7	48.33	55
云南	2496.0	7322	148	6	113.29	77
广西	1855.0	4658	280	15	208.90	75
西部	15917.4	5721	1780	11	1424.79	80
全国	28196.0	2219	5591	20	3869.17	69

注：数据根据参考文献[146]整理所得。

2.3　西南喀斯特地区主要生态修复类型及其特征

中国西南喀斯特地区生态修复工程类型主要有封山育林(禁止砍伐柴薪、禁止放牧)工程、土地石漠化综合治理工程、退耕还林还草工程、人工造林工程等。生态修复工程建设中往往采用多种不同生态修复模式进行综合治理，如土地石漠化综合治理工程就包括封山育林、坡耕地退耕还林还草、经果林种植、特色经济作物种植、中草药种植、坡改梯建设等。封山育林主要根据封育时间和山林开发利用状况又可分为"全封"模式(较长时间内禁止一切人为活动)、"半封"模式(分时段允许一定的人类活动)和"轮封"模式(一年中定期分片轮封轮开)，由于封山育林是一种投资少、见效快的育林及生态环境恢复方式，在生态环境退化不突出的地区具有广泛的适用性与经济性。在具体生态修复措施选择上，主要根据不同类型生态修复措施的适用条件及功能特性，并根据生态修复建设地区的自然环境、经济社会发展特点及生态修复建设区农业发展情况，尤其是种植业发展特点，因地制宜进行选择。西南喀斯特地区生态修复治理区由于地形地貌的复杂多样，同一地区不同地貌条件下往往采取不同的生态修复治理措施或几种生态修复措施同时使用。

现以西南喀斯特地区最为典型的地貌——喀斯特峰丛洼地最主要的生态修复建设工程——土地石漠化综合治理工程为例，分析土地石漠化综合治理工程中的主要生态修复方式及其主要特点。

对西南喀斯特地区土地石漠化综合治理模式分析，单纯从生态学的视角来讲，西南喀斯特地区生态系统水、土、气、生相互作用过程的研究是揭示区域生态系统功能和制定土地石漠化综合治理方案的关键基础[3]。目前，土地石漠化综合治

理工程主要以生态(地表植被)恢复为核心原则，以地表植被恢复为首要目标，主要发展包括退耕还林还草、封山育林、植树造林(如经果林桃子、李子等，同时包括各种药用植物如金银花等)、生态农业(包括立体复合农林生态农业、生态畜牧业等多种模式)、石漠化小流域综合治理、坡改梯工程治理、生态移民等多种多样的土地石漠化综合治理模式与路径。根据不同土地石漠化综合治理模式功能目标的相似性、差异性和适应性进行分类，大致可以将土地石漠化综合治理模式归纳为植被恢复模式、生态畜牧业模式、水土保持模式、生态农业模式、生态移民模式和生计转化模式等六大类主要治理模式(表 2-2)。现阶段土地石漠化综合治理模式在有效提高植被覆盖率、减少水土流失、防止土壤侵蚀及抑制土地石漠化扩展方面取得了一定成效，整体上遏制了西南喀斯特地区土地石漠化扩展的趋势(表 2-3)。

表 2-2　西南喀斯特地区不同土地石漠化综合治理模式比较

主要模式类型	主要案例模式	核心基础
植被恢复模式	(半)封山育林，退耕还林还草，乔灌防护林建设，人工/飞播造林，"自然+人工促育"复合模式	基于自然生态系统自我恢复能力的植被生态系统顺向演替育
生态畜牧业模式	牲畜圈养-植(草)被恢复，牧草种植-作物秸秆综合利用，林-草-养殖、林-粮-养殖等复合模式	提高经济收益，降低粗放式农业扩展，减少人为干扰触发的水土流失
水土保持模式	小流域综合治理，坡改梯，"三小"水利与砌墙保土结合，改良耕作模式，水保林建设	以治水为核心，通过物理工程措施降低降水径流导致的土壤物理侵蚀，减少水土流失，提高耕地质量
生态农业模式	猪-沼-椒，林下种植特色作物(喜阴药材等)和林下特色养殖(土鸡等)，经果林等特色作物种植(包括茶叶、金银花等)+传统农业，果-草-养殖-沼、粮-草-养殖-沼等生态农业模式	以特色经济作物、牲畜+沼气池建设为基础的多生物质循环利用，提高资源利用效率
生态移民模式	异地整体、分流、城镇吸纳式等生态移民，如广西环江、贵州紫云生态移民模式	基于生态环境承载力极限的人为资源要素重新配置，重建移民生计
生计转化模式	生态、特色民族文化旅游综合治理模式，特色茶园、果园休闲观光，移民+劳务输出+养殖+沼气+种植复合治理	促进农户生计多样化、专业化、非农化，降低农户对环境资源依赖，从而降低生态环境人为干扰，加速生态环境自我恢复

注："三小"水利一般指小水池、小水窖、小山塘；生计转化包括生计多样化、非农化和生计替代等。

表 2-3　2005～2011 年西南喀斯特地区各省(区、市)土地石漠化面积动态变化情况

省(区、市)	面积变化/公顷	变动率/%	省(区、市)	面积变化/公顷	变动率/%
湖北	-33971.1	-3.02	重庆	-30352.2	-3.28
湖南	-48145.6	-3.26	四川	-43096.2	-5.56
广东	-17553.8	-21.57	贵州	-292317.5	-8.82
广西	-452856	-19.03	云南	-41625.1	-1.44

注：相关数据整理自参考文献[7]。

2.4　西南喀斯特地区生态修复存在的主要问题

中国西南喀斯特地区是全球喀斯特地貌三大集中分布区之一，也是全球喀斯特地貌分布集中发育最典型的区域。由于强烈的喀斯特作用，西南喀斯特地区形成了特有的喀斯特生态系统，地表崎岖破碎，地表水渗漏严重，地下水丰富，植被生态系统脆弱性强，稳定性差；土壤层薄且分布不连续，土壤存在地表地下双重流失，土壤侵蚀严重；同时由于历史原因、区域交通条件等因素限制，区域经济社会发展水平相对落后，农业人口基数大，乡村农户人均收入低，生计相对贫困问题突出，耕地资源缺乏，人地矛盾尖锐。自然环境、社会经济发展的双重约束作用下，西南喀斯特地区形成了以植被退化、土壤侵蚀、水土流失为主要特征的生态环境退化问题，其中最重要、最集中的体现就是土地石漠化问题。土地石漠化是西南喀斯特地区生态环境退化的顶级形态，土地石漠化过程一旦完成就极难恢复，是西南喀斯特地区需要投入最多资源进行治理的生态环境退化问题。因此，本书选择以土地石漠化综合治理为例，分析西南喀斯特地区生态修复工程建设中存在的主要问题，具有较好的典型性与代表性。

1. 西南喀斯特地区土地石漠化综合治理物种选择、治理模式的基础理论较薄弱

总体上，西南喀斯特地区土地石漠化综合治理模式选取、治理物种选择、后期管护等实践，在治理科学理论与技术支持方面缺乏扎实的基础研究支撑[147]，尤其是土地石漠化综合治理物种选择与治理后效的评价标准、评价指标体系研究等方面，相关基础研究依然较为薄弱。土地石漠化综合治理植物物种的选择多根据实际经验选取，缺乏扎实的科学研究作为直接支持，尤其对不同土地石漠化综合治理物种的生境生态适应机理、物种主要环境胁迫影响限制因素及其作用机制等方面的基础研究明显不足。土地石漠化综合治理模式、治理物种选择整体上存在较强人为主观性，一定程度上导致土地石漠化综合治理效率、治理成效存在较高的不确定性。因此，西南喀斯特地区土地石漠化综合治理的基础研究有待进一步加强。西南喀斯特地区气候湿润，降水丰富，由于特殊的水文地质条件，水资源利用效率不高，地表水缺乏，工程性缺水严重，而地下水丰富，但地下水埋深具有显著空间异质性，未来应重视对西南喀斯特地区不同地貌类型区域水资源开发利用技术的研究，尤其是地下水资源的开发利用，明确不同地貌类型喀斯特地区水文地质条件、地下水资源赋存条件及开发利用技术等，为区域生态修复建设提供有效的支持。

现阶段土地石漠化综合治理以实现退化生态系统修复为核心原则，以地表植被恢复为根本，主要包括退耕还林还草、封山育林、经果林建设、生态农业建设、

小流域综合治理、坡改梯工程治理、生态移民等主要治理模式与措施(表 2-2)。现有土地石漠化综合治理模式在提高植被覆盖率、抑制土地石漠化扩展方面取得较好成效，但同时也存在土地石漠化治理效率不高、治理模式侧重技术层面的实践应用、治理成果巩固难等问题。目前，针对土地石漠化的基础研究中，土地石漠化发展机理、动态演化过程的基础性理论研究不足[148]，尤其是土地石漠化产生的主要因素——人类活动干扰，在区域"贫困−生态退化"耦合过程中的作用机制尚未完全明确，直接表现为土地石漠化综合治理模式多根据单一理论或人为主观确定，从社会学、经济学、公共经济学、资源学、环境学等多学科视角的土地石漠化综合治理的基础研究较少，尤其在生态环境脆弱、社会经济发展水平落后和生态修复建设多重因素限制条件下，从农户生计相对贫困、生计转型发展层面，基于农户行为选择动机、决策过程机理的公共经济治理模式研究不足。

以土地石漠化综合治理模式、治理物种选择为例，主要存在以下问题。

(1)土地石漠化单个治理模式中治理物种较为单一，以纯种林为主。根据国家林业局防治荒漠化管理中心和国家林业局中南林业调查规划设计院确定的全国 101 个土地石漠化典型治理模式，共采用石漠化植物治理物种 206 个[149]，总量较多，但单个治理模式平均只有 2.04 种，以单一乔木为主，治理物种搭配上缺乏天然植被群落的多样性组成。单一植物治理物种建设效率高，但不利于恢复植被形成稳定的植被结构与生态功能。在缺乏后续有效维护的情况下，"一刀切"式地种植以乔木为主的生态林和经果林，导致生态修复形成的植被系统结构简单，稳定性差，易受病虫害等影响发生退化。对严重石漠化土地(土壤流失殆尽，剩余土壤难以维持乔木及灌木生长的基本需要)治理中，对苔藓、藤本等重要喀斯特先锋植物的利用重视不足。苔藓等先锋植物对恶劣喀斯特生境具有较强的适应力，同时喀斯特地区气候湿润、降水丰富有利于苔藓生长，在土地石漠化程度最高的裸地生境(土壤流失殆尽，表现为大面积基岩裸露的土地)中，矮丛集型苔藓群落也可密集生长，如图 2-1 所示。

图 2-1　贵州省普定县陈家寨村土地石漠化综合治理示范区基岩上的苔藓植物(拍摄：张军以)

（2）针对土地石漠化外来治理物种的生态综合效应研究不足。在土地石漠化综合治理中，外来物种的引种主要基于喀斯特生态环境的适应性、外来物种种植的生态效益和经济效益方面的考虑，缺乏对外来物种自身塑造的生态位对本地植被群落影响评估研究。外来物种塑造的微环境，可打破原喀斯特生态系统形成的稳定食物链，从而影响动植物物种之间的生态关系，如日本高跷草传入美国后导致美国狼蛛食物链的改变，造成狼蛛与蟾蜍种群之间平衡关系的失衡，表明外来物种对重塑原有生态关系具有重要影响[150]。此外，贾海江等研究表明，西南喀斯特地区引种的原产自美洲热带地区的三叶鬼针草对本土植物香椿、任豆种子的萌发和幼苗生长产生了明显的抑制作用[151]。在长时间维度上，大量引种外来植物物种可能会对本土植被系统造成一定的负面影响，但具体影响程度及是否可能造成较严重的负面影响，还有待相关研究的持续推进。

2. 土地石漠化综合治理"外驱"治理模式主导下"二元"不平衡治理结构

当前，西南喀斯特地区土地石漠化综合治理以政府、科研机构以及中标科技生态公司的"外驱"治理模式为主导，缺乏以农户生计转型及其可持续发展为目标、农户主动参与的自主创新"内生"治理模式。政府、科研院所及科技生态公司推动的"外驱"治理模式，虽可取得良好的生态和经济效益，点状示范作用显著，但需要持续的外在资源投入，其高投入成本使其长效可持续发展能力严重不足。应鼓励建设以农户生计转型及其可持续发展为目标、农户积极参与的自主创新的"内生"治理模式，由于农户自身缺乏外在生产要素持续投入能力，因此源自农户自主创新、基于农户掌握的生产要素的"内驱"治理模式的适应性、自我可持续发展能力更强。贵州省普定县陈家寨村梭筛组在水库建设淹没几乎所有平坝耕地、村民在完全失去耕地（平坝耕地）的情况下，在外出见识广的村民（乡村能人）引导示范下，农户自发采取"砌墙保土+人工挖坑填土+果树种植"的方式种植优质桃树（图2-2），获得了良好的生态经济效益（后期政府基于该治理模式良好的生态经济效益及代表性进行扶持）。2013年全村桃子收购平均价格为16元/千克，种植量大的部分农民仅出售桃子一项收入就达5万元以上（2013年7月陈家寨村梭筛组实地随机抽样数据）。土地石漠化综合治理在充分发掘本地成果经验的基础上，也要注重借鉴相关地区的先进经验与成果。江西梅江流域的农民将小块土地集聚形成较大面积土地后，邀请投资开发者集中开发（主要是建设脐橙园），并对投资开发确定了明确的前提条件，有效保障了项目实施建设的成效。开发者建设发展脐橙园必须满足以下条件：①脐橙园面积要超过100亩；②开发者必须制订实施相应的水土保持方案，并接受政府检查；③必须有政府许可的土地租赁合同。该模式水土保持的支出主要来源于脐橙开发者的收益[152]，实现了生态环境建设投入的多元化途径，减轻了政府在水土保持建设方面的投入压力，有助于实现区域生态环境修复建设及修复成效的良性持续发展。

图 2-2　贵州省普定县陈家寨村梭筛组坡地桃树林(拍摄：张军以)

3. 实现生态修复和消除农户生计相对贫困双赢美好愿望的困境

目前，西南喀斯特地区土地石漠化综合治理以政府、科研机构与科技生态公司为主导推进，缺少生态修复建设区受益农户的主动参与。西南喀斯特地区不同类型土地石漠化综合治理建设都隐含着通过工程的实施建设能够实现生态修复、提高农户积极自主参与生态修复、增强农民福利、推进农户生计升级转型，实现区域人地关系协调发展的美好双赢愿望。农户生计系统是由经济、社会发展环境和农户生计策略构成的复杂多样的开放系统[153]，其自身对外界变化的适应与响应具有一定程度的自我驱动机制。因此，土地石漠化综合治理建设过程中要保持农户生计系统自身的动态演化过程，而不是拘泥于快速实现生态修复目标而损害农户生计的可持续发展，增加生态修复建设及长期成效的不确定性。同时，以往生态修复建设中侧重于生态修复工程建设的生态效益及经济效益，对工程建设的社会效益，尤其是生态修复工程建设对农户生计可持续发展影响及农户自身生计转型发展的关注不足。

4. 土地石漠化治理综合效益定量化评估研究有待加强

西南喀斯特地区经过十几年的生态修复治理，土地石漠化等环境退化问题整体扩展趋势得到初步遏制，区域总体生态环境状况呈现良性发展态势[7] (图 2-3)。西南喀斯特地区相关土地石漠化综合治理典型示范区，如广西平果县(现平果市)果化镇[154]、贵州关岭县花江镇[155]等，均取得了良好的生态经济效益，但在土地石漠化综合治理取得初步效果的同时，对土地石漠化综合治理的生态、经济和社会综合效益评估研究的发展则相对滞后于土地石漠化综合治理实践，尤其是土地石漠化治理综合效益定量化评估研究。

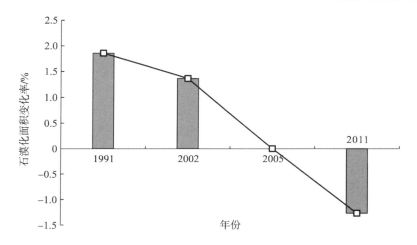

图 2-3　1991～2011 年西南喀斯特地区不同年份土地石漠化面积变化率图(2005 年为基准年)

目前，西南喀斯特地区土地石漠化综合治理生态效益评估主要从治理的植被覆被、水源涵养、水土保持、大气调节、固碳释氧、生物多样性等方面进行评估。吴鹏等利用综合指标评价法，从水源涵养、水土保持、改良土壤、固碳释氧、生物多样性和生物效应六个方面，确定了 17 项评价指标对贵州省杠寨小流域土地石漠化综合治理的生态效益进行了评价，结果显示石漠化综合治理在生态效益方面取得较好成效，但提升空间巨大，认为石漠化综合治理具有长期性和艰巨性特点[156]。杨小青等利用模糊综合评价模型，从生态、经济和社会效益三个方面选取 11 项评价指标，对广西都安瑶族自治县土地石漠化综合治理生态效益进了评价，但评价结果以划分等级的定性描述为主[157]。此外，王恒松等以黔西北典型喀斯特小流域毕节石桥小流域石漠化综合治理区为例，从石漠化综合治理后的生物、土壤、小气候和水土保持效应实测数据的变化对土地石漠化综合治理生态效益进行了定性描述评价[158]。在定量评价方法方面，目前主要通过将土地石漠化综合治理的生态效益从实物量统归转化到价值量进行计算，其统归转化方法主要分为：利用“替代市场”“影子价格”来计算公共商品的经济价值和以支付意愿来表达公共商品经济价值的条件价值法两种方法[159]。蒋忠诚等采用市场价值法，从直接生态产品、涵养水源、保护土壤、固碳等方面，对广西果化镇土地石漠化综合治理示范区土地石漠化综合治理生态效益的评估结果显示，果化示范区土地石漠化综合治理后主要生态服务功能净增加值约为 1958.7 万元[160]。

土地石漠化综合治理经济效益评估目前多以生态产品产量乘以当前产品市场价格进行简单核算[161]，如左太安对贵州花江“顶坛治理模式”中花椒种植农户的经济收益进行估算[162]。市场价格核算法的评估结果与农户实际收益相比往往偏高，市场价格核算法忽视了农产品在生产—消费流通过程中的交易成本、机会成本等相关成本的计算。

  土地石漠化综合治理社会效益评估则主要从土地石漠化综合治理区农户生态环境保护意识、教育科研价值等方面进行，评估方法以定性评价为主。教育科研价值主要从土地石漠化综合治理中土壤、植被覆被变化等规律的发现为主。熊康宁等研究发现，坡度对土壤侵蚀的影响存在最大临界侵蚀量区间[163]（图 2-4）。土地石漠化综合治理教育科研价值提高了人们对西南喀斯特地区土地石漠化发生机制的理解和认识，并可为土地石漠化综合治理提供科学理论及技术支持。总体上，西南喀斯特地区土地石漠化治理综合效益评估缺乏有效的定量化评估方法，现有定量化评估方法得出的评估结果与客观实际结果往往存在较大的偏差[152]。此外，土地石漠化治理综合效益自身也存在难以被直接准确定量化评估的客观事实，要从多维度构建系统的评价指标体系与方法，对于部分指标数据难以获得的现实问题，需进一步寻找较准确的替代性评价指标体系和评价方法，在治理效益评价中要因地制宜对部分通用评价指标的权重等进行修正，提高治理评价的科学性。

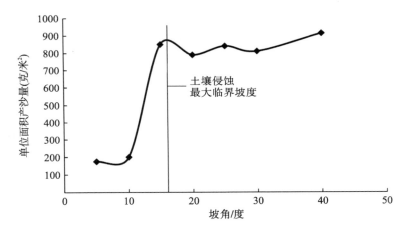

图 2-4   西南喀斯特地区土壤侵蚀量与坡度关系图[163]

第三章 生态修复与农户生计转型发展实证研究

消除贫困现象是现代社会发展的重要目标之一。生态修复建设在政策设计和实施方面，如何实现生态环境保护与人类经济社会的可持续协调发展已成为全球性的共同目标。贫困发生、农户生计和生态环境退化之间的复杂联系已成为当前发展中国家与地区乡村发展和生态环境保护领域共同关注的焦点问题[39, 164]。一般认为生态环境恶化往往伴随着贫困的产生[54, 164, 165]，反之，贫困产生往往导致并加剧生态环境的进一步恶化，并出现所谓的"贫困陷阱"。西南喀斯特地区是我国经济社会发展相对落后区，尤其是乡村经济社会发展水平低的主要地区。基于生态环境退化和贫困产生的"贫困陷阱"循环理论，国家投入大量资源进行了以防止水土流失、降低土壤侵蚀、恢复植被和促进乡村经济转型发展为主要目标的生态修复工程建设。这些生态修复工程的建设都被寄予了推动区域经济社会发展，恢复生态环境，促进乡村经济社会与农户生计转型发展，并最终实现乡村经济社会发展、农户生计转型发展与生态环境协调可持续发展的美好愿望。也就是说，以土地石漠化综合治理、退耕还林还草为代表的西南喀斯特地区生态修复工程建设担负着实现生态环境恢复和促进区域乡村经济社会发展、农户生计转型发展的重任，是实现区域乡村转型发展、农户生计转型发展和生态环境改善协调发展的重要措施。从西南喀斯特地区生态环境退化问题产生的本质来讲，只有实现农户生计升级转型，改变原有生计模式，发展环境友好型的可持续生计，才能打破贫困与生态环境退化的"贫困陷阱"，实现区域农户生计转型发展和生态环境的持续改善。因此，基于以上分析认识，本章主要通过对西南喀斯特生态修复建设区不同乡村案例的分析研究，探讨揭示西南喀斯特地区生态修复工程建设对农户生计转型发展的影响作用及农户适应性响应措施，为有效维持生态修复建设成果，促进生态修复建设区农户生计转型可持续发展提供科学支持。

3.1 生态修复中农户生计分析主要方法简介

农户生计是建立在农户能力、农户资产(包括储备物、资源、要求权和享有权)和各类活动基础之上的谋生方式，是由多样化的经济社会和物质策略构建的，这些策略通过农户个体借以谋生的活动、财产和权利得以实行，因此生计是一个受自然、社会经济和个体条件等多方因素综合影响的综合性、复杂性问题。目前，农户生计分析方法都是建立在相关贫困理论与"资本-能力"理论研究的基础之上，但由于对贫困关注点和关注群体的差异，各种生计发展分析方法都有其各自较为明显的适用范围及适用领域。当前，有关生计发展的分析方法主要有可持续生计分析方法、生计脆弱性分析方法和生计社会排斥分析方法，其中可持续生计分析方法适用范围较广，使用限制条件较少，应用也最为广泛；生计脆弱性分析方法主要从生计脆弱性视角进行分析；生计社会排斥分析方法侧重从经济社会结构及制度方面分析相对贫困群体产生的原因及不同社会群体间的影响作用，其主要应用于城市相对贫困群体研究。下面就针对以上三种生计分析研究的主要方法进行简要的介绍分析。

(1)可持续生计分析方法。2000 年，英国国际发展署(Department for International Development of the United Kingdom，DFID)根据多位学者[36, 37, 95]关于解决贫困问题的理论方法和"资本-能力"理论建立了农户可持续生计框架(图 1-1)，该框架被广泛应用于国际扶贫工程建设，取得了良好的生态、经济社会效益[87]。可持续生计框架主要包括脆弱性背景分析、生计资本、结构和过程转变分析、生计战略和生计输出五个方面，其中生计资本分为人力资本、自然资本、金融资本、社会资本和物质资本等五大类生计资本。农户可持续生计框架中显示了生计的发展演化过程，其核心是农户怎样利用所拥有的生计资本来应对环境变化和谋求自身发展新生计模式的过程。

(2)生计脆弱性分析方法。生计脆弱性分析方法最早被运用于灾害学相关研究中，学界中对脆弱性概念的一般界定为：个人或家庭遭遇某种风险的可能性，并且由于遭遇某种风险而导致个人或家庭财富损失，或生活质量下降到某一社会公认水平之下的可能性[166]。随着经济学、社会学、管理学等相关学科对生计脆弱性研究的关注及生计脆弱性相关研究的深入开展，生计脆弱性分析研究逐渐从Chambers 提出的"外部-内部"二元分析方法[36]转向多元要素多维度分析研究，其中以消除贫困为宗旨的世界银行在运用生计脆弱性分析方法方面的实践工作与提出的观点颇具代表性。世界银行将生态环境、市场贸易、政治文化、社会制度和健康风险等，作为分析生计脆弱性主要风险影响因子，并分别从微观、中观、宏观三个层面进行了进一步细分，提出从应对风险、保险、减轻风险多样性、消除风险四个层次来化解生计风险的分析框架[167, 168]。世界银行在利用生计脆弱性分析方法实践中侧重于从技术层面上开展如何应对风险的响应机制与保障对策研究。

(3)生计社会排斥分析方法。社会排斥一般指个人、团体和地方，由于国家、企业(市场)和利益团体等施动者的作用而全部或部分被排斥出经济活动、政治活动、家庭和社会关系系统、文化权利以及国家福利制度的过程[169]。社会排斥是一个多维度的概念，根据"排斥来源"和"被排斥对象"的视角来界定，社会排斥可以解构为经济方面、政治体制方面、社会网络关系方面、文化方面及福利制度方面的排斥，以及个人排斥、团体排斥和空间排斥三个维度(谁被排斥-被排斥者)[169]。也就是说，社会排斥是一个主要由不同类别的社会推动者与施动者主导的动态变化过程。推动者与施动者如何将他人排斥出一定社会领域的机制和过程，是社会排斥研究的核心问题。社会排斥分析方法主要应用于分析城市失业群体、流浪者等特殊贫困群体与脆弱群体，在社会经济结构、社会制度方面遭受多重不利境遇时遇到的负面影响。

概括来说，可持续生计分析、生计脆弱性分析与生计社会排斥分析三种分析方法除适用对象不同外，其在主要出发点和对贫困原因分析的侧重点方面也存在明显差异。可持续生计分析方法虽也对环境背景进行评估，但其核心还是通过对生计内在发展能力的评估来寻求实现生计的转型发展，并根据贫困产生的内在原因来分析探索解决贫困问题的途径与对策。生计脆弱性分析方法应用于生计分析则侧重于分析研究对象面临的外在风险影响，突出外部环境各类风险因素对生计的影响作用及其作用差异，并注重分析风险受体自身对风险的抵御能力，将风险损害作为生计相对贫困的直接诱因。而社会排斥方法在生计分析方面，注重分析对象所处的社会经济、制度文化环境，以"权利"为核心，从社会经济结构、制度文化、法律等方面分析城市失业群体、流浪者等特殊群体的贫困产生过程。

3.2　生态修复与农户生计转型发展实证案例分析

3.2.1　喀斯特山地生态修复与农户生计转型发展——贵州省案例

1. 理论分析框架构建

农户生计系统是一个开放的动态平衡系统，人们通过生计活动获得收入，并通过消费来维持家庭生活和再生产功能。生计系统是一个动态系统，自身具有一定的自我调节与恢复能力，当受到外界环境胁迫干扰后生计系统自身会产生适应性响应来维持自身平衡。不同基础的生计类型，如畜牧型生计、林业型生计、农业型生计等，对外界环境胁迫的适应性响应不同[170]。农户在外界环境胁迫压力下是否采取响应策略、农户采取何种响应策略是由农户的生计类型、农户生计资本以及农户可利用的区域社会、经济政策等多重环境背景共同决定的。因此，在进行生态修复与农户生计转型发展相互作用关系分析前，首先要基于农户生计系统的动态平衡特性构建一个理论分析框架。

农户生计系统作为一个开放动态系统，受外界环境胁迫时，农户一般能及时做出适应性响应调整，调整家庭劳动力等生计资本的配置方向与配置结构。基于生计系统的动态演化特性，根据经济合作与发展组织和联合国环境规划署提出的压力-状态-响应模型和广泛应用于人口流动分析的"推-拉"理论模型，构建了研究乡村农户生计转型变化的"条件-压力-响应"分析框架模型(图 3-1)。农户生计转型变化的"条件-压力-响应"分框架中，生计条件主要指农户耕地、劳动力等生计资本和农业发展现状等；生计压力主要指引起农户生计条件改变(变差或变好)和触发农户旧有生计模式改变的驱动因素，如耕地减少、洪涝、干旱造成的农业生产收益下降、乡村就业机会缺乏造成的短暂失业等内驱因素；城市就业机会多，收入高、发展前景好等外部诱拉因素。农户生计响应主要指农户从生计方式、生计资本配置等方面应对生计条件、生计压力因素做出的适应性响应措施，如提高生计多样化、专业化、非农化水平等。Freier 等针对农户生计转型发展相关研究表明，农户生计转型发展方面存在明显的生计"路径依赖"现象[121]，农户倾向于在原有生计的基础上进行生计调整而非承担较大风险直接选择新的生计模式，这主要表现出农户对于风险的厌恶和农户自身承载风险的能力偏低，使农户倾向于维持现有类型的生计模式，采取渐进式生计转型策略。农户生计路径依赖的存在和农户基于排斥风险的考虑，在"生计条件-生计压力"缓慢变化并逐渐侵蚀现有农户生计发展基础的过程中，农户生计自有恢复能力将努力维持现有生计的动态平衡，但当受到外界环境一个强烈的胁迫干扰后(这里主要指土地石漠化综合治理工程建设导致农户在短时间内坡耕地面积急剧减少，并造成家庭劳动力配置失衡)将打破农户生计系统的原有动态平衡状态，农户将采取响应措施，对生计资本、生计策略进行重新组合配置，以建立其生计新的平衡状态(图 3-1)。农户生计转型变化的"条件-压力-响应"动态分析框架可以较清楚地描述农户生计在受到外界环境胁迫时的动态变化过程。本案例按照土地石漠化综合治理工程建设实施后"发生了什么，原因是什么，农户生计如何适应"为基本分析思路，分析揭示土地石漠化综合治理工程建设对农户生计转型发展的影响过程和农户适应性响应过程，为降低土地石漠化综合治理工程建设对农户生计产生的不利影响，完善土地石漠化综合治理工程建设相关后续生态补偿、管理维护等保障措施，以及如何正确引导农户生计重建和实现农户生计的可持续发展提供一个新的分析应用方法或思路，推进生态修复建设与农户生计转型的协调可持续发展。在本案例后续分析研究过程中，案例研究结果、讨论部分将按照构建的农户生计转型变化的"条件-压力-响应"动态分析框架，分析土地石漠化综合治理工程建设对农户生计转型发展的影响及农户的适应性响应过程。

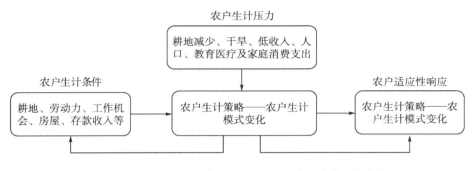

图 3-1　基于"条件-压力-响应"的农户生计变化分析框架

2. 研究数据的获得

本案例研究选取贵州省普定县陈家寨村实施土地石漠化综合治理工程建设的 7 个自然村组(大寨村组、对民村组、小江村组、杉树林村组、佃岗村组、梭筛村组和石壬村组)为研究对象。陈家寨各村组从 2011 年 11 月开始实施土地石漠化综合治理建设。

在获取数据中为了提高问卷调查效率,在正式设计定稿调查问卷各问题前,预先对研究目的地进行了实地调研考察,了解乡村自然生态环境、农业发展、农户生计及土地石漠化综合治理等生态修复工程建设基本情况,并在调查前对参与调查的学生进行了简单培训。在实地问卷调查中主要采取抽样问卷调查、参与式农户调查和村干部座谈,来获取相关研究基础数据。调查时,在每一个自然村组随机选择 15~20 户受土地石漠化综合治理工程建设影响相对显著的农户,由户主填写问卷,其他家庭成员提供信息补充,修正户主不太确定的问题。同时,对村干部进行访谈,了解乡村整体的自然环境、人口、社会经济、土地利用,以及土地石漠化综合治理等生态修复工程建设的基本情况,并对土地石漠化综合治理工程建设及其相关生态补偿政策等农户关注的主要问题进行开放式访谈,村干部访谈记录主要作为问卷调查的补充修正与验证资料。

问卷主要调查乡村土地石漠化综合治理工程建设实施后对农户生计转型发展的影响和农户采取的适应性响应策略。调查问卷内容主要包括:农户家庭耕地数量变化、农户家庭年收入变化、家庭务农劳动力数量变化、农户主要生计收入来源变化和农户对喀斯特生态系统生态服务价值、农户生态环境保护认知变化、农户未来期望从事生计类型等主要问题。问卷中每个问题都设置有明确备选答案,除去农户收入来源、影响收入的主要因素和农户未来期望从事的生计类型设置为多选题外,其余问卷问题均只选择一个答案。2013 年 7 月 16 日~7 月 25 日对陈家寨大寨村组、对民村组、小江村组、杉树林村组、佃岗村组、梭筛村组和石壬村组进行了野外调研和入户抽样问卷调查,共收集到有效问卷 117 份。

　　在进行问卷数据分析前，基于以下几点对问卷数据的准确性进行分析。首先，由于被调查乡村农户从事的经济活动类型有限，以农业生产与外出务工为主，收入来源有限。其次，数据采集时间间隔短。研究区域于 2011 年 11 月实施土地石漠化综合治理工程建设，问卷调查于 2013 年 7 月进行数据采集。年收入数据分别是农户 2011 年和 2012 年的收入数据，距离土地石漠化综合治理工程建设实施时间间隔较短，因此农户关于生计与家庭收入等相关的回忆信息准确度较高。再次，问卷必须由户主填写，户主对家庭生计相关信息熟悉，同时家庭成员可提供补充信息，可以有效修正户主不太确定的问题，这进一步保证了问卷数据的准确性。最后，对问卷进行严格筛选，将问题回答不全或漏答等不合格问卷剔除。此外，家庭耕地数量由政府按人口平均分配，并且土地石漠化综合治理工程建设根据占用的耕地面积来提供苗木补贴等生态补偿，所以农户耕地面积变化数据是准确的，可以满足研究需要。综上所述，问卷调查数据是准确可靠的，可以有效地满足本案例研究对数据精度的要求。

　　3. 农户生计多样化、农户环保认知计算方法

　　为了了解土地石漠化综合治理工程建设对不同生计类型农户、农户生态环保意识认知影响的差异，构建了农户生计多样化指数和农户生态环保意识认知指数，分别按照式(3-1)和式(3-2)进行计算。

　　(1)农户生计多样化指数：农户生计多样化是为了描述区域农户生计多样化程度，特引入生计多样化指数 V，即将农户主要从事的每种生计活动赋值 1，如某农户主要从事养殖、种植两种生计活动，则该农户生计多样化指数则赋值 2。农户生计多样化指数大于 1 的农户为兼业型农户，等于 1 的农户为单业型农户。

$$V = \frac{1}{n} \sum_{i=1}^{n} d_i \tag{3-1}$$

式中，d_i 为第 i 个农户的生计多样化指数，n 为该区域的农户户数，V 为该区域农户的生计多样化指数。

　　(2)农户生态环保意识认知指数：为区分不同生计类型农户对生态环境、喀斯特生态系统服务功能和生态修复建设的认知程度，引入农户生态环保意识认知指数 E，根据农户对生态环境服务价值的认知测度指标及赋值(表 3-1)计算：

$$E_j = \frac{1}{n} \sum_{i=1}^{n} h_{i,j} \tag{3-2}$$

式中，E_j 为被调查农户总体认知指数，n 为被调查农户个数，$h_{i,j}$ 为第 i 个被调查农户第 j 种影响的认知得分，j 分别为环境质量状况认知、喀斯特生态系统认知、生态系统修复认知、收入变化认知及生计变化认知。

表 3-1　贵州省普定县陈家寨村农户生态和环境认知测度指标及赋值

指标	测度问题含义	选项赋值
环境质量状况认知	对乡村生态环境质量认知程度	很好=4，较好=3，一般=2，较差=1
喀斯特生态系统认知	喀斯特生态系统服务价值认知程度	熟悉=3，较了解=2，不了解(听说过)=1，没听说过=0
生态系统修复认知	生态环境修复重要性认知程度	很重要=3，一般重要=2，不重要=1，不了解=0
收入变化认知	生态环境修复对农户收入影响程度	变化大=2，变化不大=1，几乎无变化=0
生计变化认知	生态环境修复对农户生计变化影响程度	较大=2，影响不大=1，几乎不存在影响=0

4. 研究结果分析

(1)农户生计条件改变分析。土地石漠化综合治理工程建设对不同生计类型农户生计条件的影响作用是不同的。整体上，土地石漠化综合治理工程建设对单业型农户生计条件的影响要远大于兼业型农户。

农户耕地数量变化。土地石漠化综合治理工程建设后农户耕地数量出现明显下降，2011 年户均耕地由 4.69 亩下降到 2.36 亩，减少 2.33 亩，其中兼业型农户户均耕地由 4.35 亩下降到 2.02 亩，单业型农户户均耕地由 5.04 亩下降到 2.71 亩(表 3-2)，农户减少的耕地主要为坡耕地。兼业型农户与单业型农户耕地减少面积几乎一致，分析认为主要原因是我国采取按人口数量平均分配耕地，耕地所有权属于国家，农民仅有使用权，并禁止耕地在市场上的自由交易，因此土地石漠化综合治理在导致农户坡耕地减少方面的影响是一致的。从上面的分析可以看出，农户耕地的减少并不是随着时间的推移而逐渐减少的，而是因为土地石漠化综合治理工程建设覆盖的耕地在土地石漠化综合治理工程实施后就禁止耕种，该部分耕地的突然减少对农户生计来说是一个突变因素。

表 3-2　贵州省普定县陈家寨村土地石漠化治理修复建设前后农户基本情况变化

时间	农户类型	户均耕地/亩	户均收入/元	户均劳动力/人	农户生计多样化指数	调查户数	占比/%
治理前	兼业型	4.35	10802.3	2.53	—	43	36.75
	单业型	5.04	9386.49	2.84	—	74	63.25
	总体	4.69	10094.4	2.67	1.39	117	100
治理后	兼业型	2.02	18022.2	2.29	—	90	76.92
	单业型	2.71	14263.0	2.26	—	27	23.08
	总体	2.36	16142.6	2.27	2.01	117	100

农户家庭农业劳动力数量及配置情况变化。总体上，2011～2013 年被调查农户户均劳动力数量由 2.67 人下降到 2.27 人，其中单业型农户户均劳动力数量由 2.84 人下降到 2.26 人，兼业型农户户均劳动力数量由 2.53 人下降到 2.29 人，单业型农户家庭劳动力数量下降幅度略大于兼业型农户。

农户收入变化。2011～2012 年被调查农户收入增加显著，由 10094.4 元增长到 16142.6 元，增长了 59.9%（表 3-2）。其中，兼业型农户收入高于单业型农户，且收入增长率也高于单业型农户，二者收入差距由 2011 年土地石漠化综合治理工程实施建设前的 1415.81 元逐渐扩大到 2012 年土地石漠化综合治理工程实施建设后的 3759.2 元。

(2) 农户生计类型变化。土地石漠化综合治理工程实施建设后，农户生计多样化指数显著提高（表 3-2），农户生计多样化指数由 2011 年的 1.39 增长到 2013 年的 2.01，增长了 44.6%。2011～2013 年兼业型农户占比显著增加，由 36.75% 增加到 76.92%；单业型农户比例则出现了显著下降，占比下降了 40.17 个百分点。同时，农户生计非农化转型发展趋势显著，主要转向非农就业的外出务工、经果林和自主经营（主要指小生意等）(图 3-2)。土地石漠化综合治理工程实施建设前农户生计主要由种植业、外出务工、养殖业三部分构成，占 95.6%，占决定性优势。2011～2013 年实施土地石漠化综合治理建设后农户种植业型生计下降了 26.5 个百分点，外出务工型生计则出现明显增长，增长了 24.3 个百分点。经果林与自主经营型生计占比只出现少量增加，而养殖业型生计则出现了小幅下降（图 3-2）。

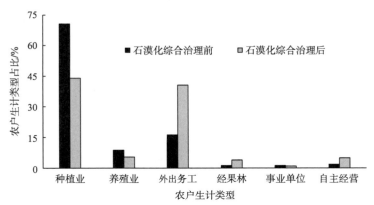

图 3-2　贵州省普定县陈家寨村土地石漠化综合治理建设前后农户生计组成及比例

(3) 农户生计适应性响应。通过对比土地石漠化综合治理前后农户生计变化来分析农户生计响应策略。土地石漠化综合治理工程建设实施前，农户种植业型生计和外出务工型生计所占比例最大，两者合计占全部被调查农户生计类型组成的 84.7%（图 3-2）。土地石漠化综合治理工程建设实施后种植业型生计占比明显降低，2011～2013 年由 70.6% 下降到 44.1%。外出务工型生计和自主经营型生计占比增加，其中外出务工型生计增长尤其显著，由 16.3%增长到 40.6%。一般经验分析认为，养殖业和经果林种植等比较适宜农户发展的生计类型占比应出现较大增长，但实际中养殖业反而出现微小下降。从土地石漠化综合治理工程建设实施后，农户未来期望从事的生计类型构成来看(图 3-3)，外出务工型和经果林型的占比最高，分别为 36.3%和 25.0%，其中与农户现阶段生计构成相比，外出务工型生计比例(40.6%)出现轻微下降，但经果林型生计占比增长了 21.5 个百分点，经果林型和养殖业型生计合计占比为 38.5%，与外出务工型生计占比相近。

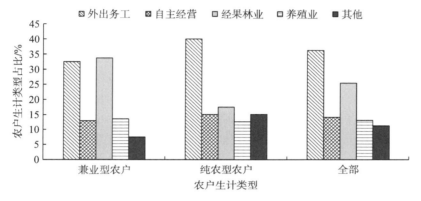

图 3-3　贵州省普定县陈家寨村土地石漠化综合治理建设后农户未来期望从事生计类型构成

　　整体上，在不同生计类型农户响应方面，土地石漠化综合治理工程建设实施促进了农户生计向非农化生计(非农化)转移，但土地石漠化综合治理工程建设实施对不同生计类型农户生计转型的影响程度存在明显差异。2013 年，兼业型生计农户收入来源变化程度和生计影响程度分别为 1.28 和 1.31，均高于单业型生计农户(表 3-3)。分析认为，这是因为 2011~2013 年土地石漠化综合治理工程建设实施后农户生计多样化水平提高，单业型生计农户占比大幅下降，下降了 40.17%(表3-2、表 3-3)，而兼业型生计农户数量增长了 109.3%。这表明单业型生计农户受土地石漠化综合治理工程建设的影响要显著高于兼业型生计农户。

表 3-3　贵州省普定县陈家寨村被调查农户对生态环境质量和生态修复建设影响认知变化

时间	农户类型	生态环境质量	生态服务功能	生态环境保护	收入来源变化程度	生计影响程度
治理前	兼业型	2.16	1.20	2.49	—	—
	单业型	1.92	1.26	2.39	—	—
	总体	2.04	1.23	2.44	—	—
治理后	兼业型	2.00	1.21	2.46	1.28	1.31
	单业型	2.04	1.33	2.33	1.15	1.15
	总体	2.02	1.27	2.39	1.22	1.23

5. 分析讨论

（1）生计条件变化与农户生计响应分析。中国西南喀斯特地区土地石漠化、植被退化等环境退化问题虽有其特殊的历史、地质、地球化学原因，但人类不合理活动（如砍伐柴薪、坡地开垦、毁林开荒等）的破坏是造成区域土地石漠化等环境退化的最主要因素[6, 171]。西南喀斯特地区是我国经济社会发展最落后的地区之一，尤其是乡村地区，农民生活相对贫困，农民生计严重依赖土地等环境资源。西南喀斯特山区乡村农业生产依然是农户重要的收入来源[172]。在乡村劳动力无法转移进入非农领域就业的情况下，农业生产与家庭生产进入"内卷化"，乡村人口增长，物价上涨，就业机会缺乏，家庭教育医疗支出等压力加剧了农户砍伐柴薪、坡地开垦、毁林开荒、过度放牧等一系列不合理生产活动对生态环境的干扰，造成植被退化，触发水土流失，土壤侵蚀，最终形成了土地石漠化，即出现"贫困陷阱"，农户相对贫困的生计依赖耕地等环境资源往往加剧了对生态环境的胁迫干扰，导致生态环境退化，而生态环境退化反过来进一步加剧了贫困的发生发展[53, 131]。通过前述分析可以发现，土地石漠化综合治理工程建设实施后，农户收入虽出现一定增长，但土地石漠化综合治理工程建设提供的生态补偿较低，农户收入增长主要来源于外出务工的工资收入。该分析结果与黄土高原退耕还林还草对农户生计转型发展影响的已有研究结果一致[117, 118]。土地石漠化综合治理工程建设实施触发了农业劳动力明显的非农化外流，以外出务工为主。在黄土高原地区，针对退耕还林还草对农户生计转型发展影响的研究结果也表明，退耕还林还草工程建设促进了乡村劳动力的非农化就业转移进程[173, 174]，这与西南喀斯特地区的研究结果是一致的。但也有相关研究结果表明，退耕还林还草以后农户并未出现明显的劳动力非农化转移进程[175]。分析认为，退耕还林还草后农户并未出现明显劳动力非农化转移的原因是退耕还林还草工程相对于西南喀斯特地区的土地石漠化综合治理工程具有较高的生态补偿标准，并且与其研究时段（2003年）中国经济发展对乡村劳动力的需求相对较小共同造成的，同时也与研究区域社会经济发展环境的差异密切相关。

从"条件-压力-响应"农户生计变化分析框架来看，土地石漠化综合治理工程建设除了因造成坡耕地短期内急剧减少，间接促进了乡村劳动力非农化转移外，还直接触发了农户以外出务工作为替代生计来应对土地石漠化综合治理工程建设造成的影响。土地石漠化综合治理工程建设导致农户耕地数量的显著下降。耕地总量的减少使农户农业生产对劳动力的需求降低，从而加剧农业劳动力的剩余，为乡村劳动力非农化转移提供了物质基础与前置条件。该过程表现为土地石漠化综合治理工程建设后农户务工型生计增长尤其显著，2011~2013年由16.3%增长到40.6%，务工型生计占比提高对农户生计多样化和乡村劳动力转移的贡献最大。

兼业型生计农户与单业型生计农户间的收入差距不断变大。治理前后兼业型生计农户与单业型生计农户收入差距由 1415.81 元增加到 3759.2 元。Hunter 等研究表明，个人经验、社会关系网络、家庭资本数量等对农户生计能力具有重要影响[176]。分析认为，一方面，兼业型生计农户在个人经验、社会关系网络方面较单业型生计农户具有先天优势，使其能更有效地实现生计转型发展。另一方面，兼业型生计农户受土地石漠化综合治理工程建设的影响较单业型生计农户小，并且土地石漠化综合治理工程实施后禁止农民上山放牧、砍伐森林、砍伐柴薪、坡耕地耕种等，也对农户生计造成了一定负面影响，尤其对以农业型生计为主的单业型农户影响较大。

(2) 农户生计策略选择。土地石漠化综合治理工程建设实施后，农户生计多样化水平显著提高，兼业型生计农户比例从 36.75% 增加到 76.92%，非兼业型生计农户占比减少了 40.17 个百分点，外出务工成为农户替代生计的首选(表 3-2，图 3-2)。畜牧养殖占比出现了小幅下降，除禁止放牧的原因外，农户生计多样化和非农化程度提高导致的农业生产对畜力需求的下降也是重要的影响因素。非农自主经营主要是一项本地经济活动，且在农户之间也具有更好的带动作用，但需要一定的资金门槛和较强的经营能力，因此占比仅增加 3%。研究表明，资本的缺乏、技术和低市场联系度是限制农户实现自主创业的重要原因[42, 51, 177]。外出务工农户占比的显著增长与其自身低风险特点显著相关，与自主经营、经果林种植相比，外出务工前期投入少，风险低，具有较稳定较高的收入水平，且收益见效时间短。这表明农户出于规避风险的首要考虑，倾向追求短期收益而选择产生收益快、风险小的替代生计模式，如外出务工。当前中国工业化、城镇化迅速发展，中国已成为对劳动力需求旺盛的"世界工厂"，农户外出务工收入远高于农业生产。而经果林种植从栽培到挂果，再到丰产期产生稳定经济收益周期长，并需要一定的生产管理技术和相对稳定的价格市场环境，收入易受市场价格波动的影响。这也从侧面说明西南喀斯特土地石漠化区农户在金融资本、社会资本、技术和市场经营能力等方面存在严重不足，限制了农户生计多样化、非农化发展。此外，政府在土地石漠化综合治理工程实施后的后续配套保障政策不完善，尤其是缺乏完善的引导农户替代生计建设发展的引导扶持政策，而农户自发的替代性生计建设往往只考虑自身利益最大化而牺牲对生态环境的保护。中国已有生态环境修复工程建设经验表明，在生态补偿结束后，由于农户缺乏替代生计，无法实现生计转型发展，农户的复垦行为往往导致生态环境修复工程成效的大打折扣甚至是失败，最终导致生态环境再次出现更严重的退化[52, 178]。

兼业型生计农户受土地石漠化综合治理工程建设实施中的坡耕地减少、禁止放牧、砍伐柴薪等政策的影响较小，主要是因为其自身收入来源更加多样化，不依赖单一的农业生产收入。也就是说，农户生计多样化有利于降低农户对土地等环境资源的依赖，降低环境压力，缓解人地关系矛盾，有利于生态环境的自我修复。西南喀斯特地区农户外出务工导致的乡村人口外流，降低了区域生态环境的人口压力，人地关系矛盾得以缓解，有利于土地石漠化综合治理等生态修复工程建设及其成果的巩固发展。以上结论在中国其他地区也得到了验证。中国福建武夷山区生态修复对农户生计影响的研究结果也表明，生态修复及其触发的乡村劳动力外流，提高了农户生计多样化、非农化，降低了农户对耕地等环境资源的依赖，降低了环境人口压力，缓解了人地关系矛盾，有利于生态环境的自我修复[131]。总体上讲，中国经济的高速发展有效地促进了乡村劳动力大规模的非农化转移和农户生计多样化、非农化水平的提高，降低了乡村人地关系矛盾，间接促进了生态环境的改善恢复。

从土地石漠化综合治理工程实施后农户未来期望从事的替代生计构成来看（图3-3），农户外出务工占比出现微弱下降，经果林种植出现了显著增长。分析认为农户基于对未来生计的长远考虑，随着自身年龄增长、体力下降等因素导致农户在城市劳动力市场上竞争力降低，并且在城市务工缺乏相应的养老、医疗等保障，而返回乡村生活。同时，政府出于植被恢复和促进农民生计升级转型的根本目标，对以经果林种植为主的农户替代生计建设进行优先支持，并且瓜果等农产品的经济附加值更高，经果林种植较传统粮食作物种植收益较高。此外，生计的"路径依赖"效应也是促使农户未来倾向于将经果林种植作为替代生计的重要原因。所以，从农户未来期望从事生计和农户当前实际选择生计的对比可以发现，农户在追求短期收益的同时，也考虑到了自身随着年龄增长、体力下降等变化后的长远生计问题，因此针对该问题制定相应的保障措施，如完善乡村基本养老医疗保障，对促进农户生计转型发展与提高农户生态环境保护实践力均具有重要且积极的现实意义。

6. 结论与建议

根据"条件-压力-响应"农户生计变化分析框架的思路，本案例从土地石漠化综合治理工程实施后"发生了什么、原因是什么、农户如何适应"的逻辑关系，分析了案例乡村土地石漠化综合治理工程实施对农户生计转型发展的影响及农户的适应性响应，得出以下主要结论。

（1）土地石漠化综合治理工程建设实施后农户生计多样化、非农化程度明显提高，土地石漠化综合治理工程促进了农户家庭劳动力外流，推动了农户生计的非农化、多样化转型，农户生计非农化转变主要表现为以外出务工为主。

（2）农户自身收入水平低，农户在替代生计选择上更倾向于追求风险低、短期收益高的替代性生计，但从农户未来期望从事的替代生计选择来看，农户也充分考虑到了未来因为增长的替代性生计发展问题。

(3)农户环境保护意识的强弱，主要受农户与环境资源联系紧密程度的影响，联系程度越紧密的农户的环境保护认知程度则越高，但环境保护认知程度高并不代表农户在实际行为中有效地实践了环境保护行为。

西南喀斯特地区土地石漠化综合治理工程生态效益的长效可持续性目标的实现依赖于农户生计升级转型与可持续发展。因此，建议西南喀斯特地区未来土地石漠化综合治理工程建设要注重以下三个方面配套政策措施的建设。

(1)通过提供就业信息、技术培训、小额免息贷款等，提高农户生计资本质量，增强乡村劳动力在劳动力市场的竞争力，加快乡村劳动力的非农化转移，提升农户生计多样化水平，降低人口对环境的压力，促进生态环境自我恢复。

(2)加大西南喀斯特地区特色经济作物的选育和经果林等特色农业发展建设，通过示范引导，以点带面培育发展一批具有良好社会经济效益、生态效益的特色农业发展路径、模式，创新农业发展模式，培育乡村经济发展的新替代产业、新经济增长点，为农户提供多样化、差异化的替代生计选择，降低农户对传统农业的依赖，降低农户生计转型发展对生态环境资源的压力，促进农户生计与生态环境恢复协调发展。

(3)提高土地石漠化综合治理工程的生态补偿标准，降低乃至消除农户再次破坏生态环境的驱动因素。同时，将土地石漠化综合治理效益评价与生态补偿标准进行挂钩，提高农户参与土地石漠化治理的积极性，提高农户巩固发展土地石漠化治理成果的重视程度。同时，由于该案例研究中，研究时间节点距土地石漠化综合治理建设实施时间较短，土地石漠化综合治理建设对农户未来生计多样化和非农化发展的影响还有待进一步研究。

此外，本案例研究主要是基于乡村农户微观层面进行的，研究范围覆盖面相对较小，不能很好地反映土地石漠化综合治理、退耕还林还草等生态修复工程建设在区域层面对农户生计转型发展的影响。因此，在一个更大的研究区域开展土地石漠化综合治理、退耕还林还草等生态修复工程建设对农户生计转型发展的影响研究，对揭示土地石漠化综合治理工程建设与农户生计策略选择，农户生计多样化、非农化转型间的联系将更具客观性和说服力。但是，在农户微观层面的研究也具有自身的优势，虽然小样本数量研究概括得出的研究结论和政策建议，在整个区域层面的适用性与普遍性被证明是一个挑战，但农户微观层面的研究往往可以补充区域宏观层面研究忽略的部分，如农户生计转型发展过程中替代性生计选择的影响因素等。

3.2.2 喀斯特山地生态修复与农户生计转型发展——云南省案例

1. 研究区域概况

大理白族自治州永平县位于云南省西部、澜沧江东岸，地形地貌以山地为主，是一个典型的山区县，属北亚热带季风性气候，分干湿两季，但雨热同季，植被覆盖类型丰富，植被型、植被亚型分别有 5 个、6 个。由于受不合理人类活动(如对林木乱砍滥伐、过度采伐、毁林开垦等)的影响，区域植被受到一定程度的破坏。永平县是云南省退耕还林还草建设的重点区域之一。因此，为更好地探讨、分析、研究退耕还林还草、封山育林等生态修复工程建设实施对农户生计转型发展的影响，故选择永平县作为云南省研究区域的案例，选择生态修复工程建设成效较显著乡镇的乡村进行调研。

2. 问卷设计与数据收集

在进行案例乡村实地问卷调研前，调查人员首先听取了永平县林业局退耕还林还草办公室负责人对永平县退耕还林还草建设基本情况的介绍，并且在其建议下，最终选择永平县博南镇桃新村、苏屯村、新田村作为典型乡村进行随机问卷调查。

(1)调查问卷设计与问卷主要内容构成。问卷设计的合理性对研究结果的准确客观具有重要的影响，为确保问卷更好地反映生态修复建设对农户生计转型发展的影响及保证问卷调查数据的准确可靠性。在进行问卷正式设计前，通过查阅相关已有研究成果，了解生态修复建设对农户生计转型发展影响的主要作用因素，并考虑了调研乡村基本的自然生态环境与社会经济发展情况。在此基础上设计调查问卷的初稿，并借鉴在贵州省喀斯特地区生态修复建设地区问卷调查的经验，主要针对乡村现有人口结构、乡村农户家庭农业生产活动(包括主要种植作物、畜牧养殖及农产品销售等)、乡村农户非农经营活动的基本情况(包括农户外出务工、从事小商业等非农经营活动)、乡村生态修复建设的基本情况及生态修复建设对农户生计转型发展影响的认知程度等主要内容进行问卷设计。根据已有调研经验及永平县的经济社会发展基本情况，最终确定问卷的主要内容，并请相关领域专家对问卷设计提出建设性修改意见，修改后最终确定调查问卷内容。

正式问卷调查内容主要为受访者基本情况、农户的农业生产活动与非农生产活动(包括外出务工基本情况)及调查乡村生态修复建设基本情况(包括农户对国家进行生态修复建设的态度和生态修复建设对自身生计转型发展影响程度的自我评估等)。

(2)问卷抽样调查与问卷回收。由于问卷发放费时费力，故需要一定数量的工作人员及较长时间，考虑到平时学生学业压力较大，并且调研地云南省大理白族自治州永平县距离贵阳市较远，往返时间较长，故选择 2015 年 7 月中旬到下旬学校暑假期间带领学生对目的地进行问卷调研，考虑到云南省大理白族自治州永平县经济社会发展水平相对不高，外出务工人员较多，乡村老人、妇女留守人口占比相对较大，但其对生态修复工程建设等了解相对不多，故在问卷调查中，尽可能选择青壮年户主进行调查，只有年龄较大的老人、妇女与儿童在家的农户一般不予调查。在具体下乡进行调研前，为尽可能地提高问卷调研效率，课题组首先去永平县林业局退耕还林还草办公室向相关工作人员了解全县生态修复建设基本情况，选择退耕还林还草等生态修复建设相对集中的乡村进行调研，最终选择永平县博南镇桃新村、苏屯村、新田村进行问卷调查，共计发放问卷 186 份，回收 180 份，经检验有效问卷 134 份（问卷是由学生直接入户调查，农户当场填写，完成后直接回收），其中桃新村、苏屯村、新田村分别获得有效问卷 37 份、48 份、49 份。

3. 问卷数据分析

（1）被调查农户自身基本情况分析。问卷针对受访者基本情况主要调查了受访者的性别、年龄、受教育程度及职业，其中受教育程度分为小学、初中、高中/中专、大专及以上。从事职业分为农民、工人、个体户、专业技术人员、私营企业主、企事业办事员、退休人员及其他。分别对云南省大理白族自治州永平县桃新村、苏屯村、新田村受访者基本情况进行分析（表 3-4）。

表 3-4　云南省大理白族自治州永平县桃新村、苏屯村、新田村调查农户基本情况

乡村	性别		平均年龄/岁
	男性/人	女性/人	
桃新村	22	15	32.4
苏屯村	22	26	31.7
新田村	29	20	43.2

从表 3-4 中可以发现，被调查农户中男女占比差异不大，整体上男性数量稍多，主要是因为问卷调查时发现男性户主对家庭收入、耕地面积、退耕还林还草等生态修复建设基本情况更了解，所以调查中存在对男性户主的调查倾向。在三个乡村被调查农户户主平均年龄中，桃新村、苏屯村被调查农户户主平均年龄很接近，但新田村被调查农户户主平均年龄较其他两乡村明显偏大，分析认为其主要原因是新田村距县城距离相对较远，因此乡村青壮年劳动力远距离务工较多，导致乡村留守农户户主年龄较大。

从表 3-5 中可以看出，桃新村、苏屯村、新田村被调查农户受教育程度绝大部分集中在小学和初中层次，极少数为高中，其中没有大专及以上受教育程度农户，整体上反映出农户受教育水平普遍较低，农户科学文化综合素质不高，不利于农户生计转型发展，使农户在接受及掌握新观念、新技术、新事物，以及承担市场风险等方面都存在一定的影响。

表 3-5　　永平县桃新村、苏屯村、新田村被调查农户受教育基本情况　（单位：人）

乡村	小学	初中	高中/中专	大专及以上
桃新村	18	16	3	0
苏屯村	27	19	2	0
新田村	26	15	8	0

注：表中数据包括肄业、中途退学。

　　(2)被调查农户家庭生计基本情况分析。被调查农户家庭生计基本情况主要是针对被调查农户户主或家庭主要收入来源所从事的主要生计类型，若户主既从事农业生产又从事打零工（务工）等工作，则让被调查农户自己根据主要收入来源来确定主要生计类型（表 3-6）。

表 3-6　　永平县桃新村、苏屯村、新田村被调查农户主要生计类型基本情况（单位：人）

乡村	农民	工人（务工）	个体户	专业技术人员	私营企业主	企事业办事员	退休人员	其他
桃新村	30	1	0	4	0	2	0	0
苏屯村	27	12	3	0	5	0	1	0
新田村	41	4	1	0	0	1	1	1

　　从表 3-6 中可以发现，被调查的三个乡村中绝大多数农户生计主要从事农业生产，其他类型生计占比较小。其中，苏屯村由于距离县城较近，前往县城务工人员相对较多；其他两个乡村由于距离县城较远，除去外出务工人员，留守农户生计以从事农业生产为主，部分农户在从事农业生产的同时，会到乡镇、县城从事短时间务工，并且在不同乡村从事修房子等工作，农户打零工成为其短期务工的主要形式。

　　从被调查农户家庭年收入（年净收入）基本情况来看，桃新村农户年收入小于1 万元、1 万~2 万元、2 万~3 万元、3 万元以上的农户数量分别为 3 户、10 户、6 户及 18 户，所占比例分别为 8.1%、27.0%、16.2%及 48.6%（因四舍五入，占比总和不为 100%），其中年收入 2 万元以上的农户占比为 64.8%。苏屯村农户年收入小于 1 万元、1 万~2 万元、2 万~3 万元、3 万元以上的农户数量分别为 5 户、19 户、10 户及 14 户，所占比例分别为 10.4%、39.6%、20.8%及 29.2%，其中年收入 2 万元以上的农户占比为 50%。新田村农户年收入小于 1 万元、1 万~2 万元、2 万~3 万元、3 万元以上的农户数量分别为 6 户、9 户、15 户及 19 户，所占比例分别为 12.2%、18.4%、30.6%及 38.8%，其中年收入 2 万元以上的农户占比 69.4%。

从被调查乡村农户年均净收入分布情况来看，乡村被调查农户年净收入 2 万元以上的均超过了 50%，但各乡村之间存在一定的差异。其中，桃新村和新田村年收入超过 2 万元的被调查农户占比在 60%以上，苏屯村仅为 50%。分析认为苏屯村距离县城较近，消费相对较高，并且相当部分农户在县城就近务工，务工收入较外省务工低，而桃新村和新田村距离县城较远，消费相对较低，并且省外务工人员占比相对较大，农户倾向于储蓄。此外，由于年净收入属于农户敏感数据，调研中发现农户怕错过政府补贴机会等扶持政策，问卷调查时一般会倾向于将年净收入报得相对较低，也就是说农户实际年净收入应该高于调查获得的农户年净收入数据。

(3)被调查乡村生态修复工程建设基本情况及其对农户生计转型发展影响程度的农户自我评估分析。被调查乡村生态修复工程建设绝大部分(98%以上)是以退耕还林还草为主。对于退耕还林还草等生态修复工程建设，99%的农户持非常支持与支持态度，仅有极少数农户由于不了解生态修复建设的生态、社会经济效益，对生态修复工程建设持不关心态度，没有农户对生态修复工程建设持反对态度。这表明国家推行生态修复建设的观念得到了广大农户的认可，但部分农户对生态修复建设的认知不足，也从侧面表明农户对生态修复建设现实意义的了解需进一步深化。在调研中发现，部分农户认为"生态修复建设好是好，但不能产生相应的经济效益"，导致农户在生态修复建设及后续管理中缺乏积极性。因此，在生态修复工程建设中，针对生态修复工程建设的短期及长期生态、社会经济效益要进一步加强宣传，使农户充分认识到生态修复建设长远的生态、社会经济效益，有利于农户从意识上认识，并从实际行动中践行生态修复建设，减少乃至消除农户破坏生态环境的实际行为。

(4)生态修复建设对农户生计转型发展影响农户自我评估分析。针对该部分内容，问卷中设置的主要问题是：生态修复建设对农户自身农牧业收入是否存在影响、影响程度如何；退耕还林还草等生态修复建设结束后农户是否会复垦；家庭中是否存在因实施退耕还林还草等生态修复建设导致对农业劳动力需求的减少而出现外出务工；现有生态修复工程的生态补偿标准是否合理，不合理的话，农户认为在现有生态补偿标准上应增加多少为合理标准。其中，生态修复建设对农户自身农牧业收入是否存在影响、影响程度如何，该问题主要由农户根据自身情况给出相应的评价，也就是说农户根据生态修复建设对自身家庭的影响情况给出一个主观评价。桃新村、苏屯村、新田村被调查农户，生态修复对其生计影响程度的自我评估，如表 3-7 所示。

表 3-7　桃新村、苏屯村、新田村被调查农户生态修复对其生计影响自我评估

乡村	影响/人	无影响/人	不复垦/人	复垦/人	有务工/人	无务工/人	合理/人	不合理/人	期望/元
桃新村	24	13	31	6	37	0	6	31	694
苏屯村	20	28	36	12	48	0	1	47	727
新田村	29	20	43	6	48	1	19	30	578

从表 3-7 中的统计数据可以计算出农户对生态修复对其自身生计影响的自我评估情况，不同乡村之间存在一定差异。桃新村、苏屯村、新田村被调查农户中认为生态修复对其自身生计造成一定影响的农户占比分别为 64.9%、41.7% 和59.2%，可以看出三个乡村农户对生态修复工程建设对自身生计转型发展影响的认知存在较大的差异，其中桃新村、新田村的农户认知水平要显著高于苏屯村，分析认为造成这种差异的主要原因是乡村自然、社会经济条件的差异，尤其是乡村区位条件，其中桃新村、新田村位于山区，距离城镇(永平县城)较远，农户收入多样化水平较低，农户生计对农业生产的依赖性相对较高，农户收入主要来源于农业生产和外出务工，因此生态修复工程建设对农户生计转型发展的影响较为显著。苏屯村位于永平县的城乡接合部，农户收入多样化水平相对较高，农业生产不再是农户收入的主要来源，故生态修复工程建设对农户生计转型发展影响程度显著低于桃新村、新田村。此外，桃新村、新田村生态修复工程建设对农户生计转型发展的影响也存在一定的差异，分析认为其主要原因是两乡村生态修复工程建设的规模、乡村农业生产条件的差异造成的。

同样，从表 3-7 中的统计数据可计算出生态修复工程建设后农户复垦意愿的基本情况。在生态修复工程建设结束后不计划复垦的农户占比中，桃新村、苏屯村、新田村分别为 83.8%、75.0% 及 87.8%。可以看出受生态修复工程建设影响农户中绝大多数在生态修复建设后不再计划复垦，其中桃新村、新田村由于区位位置距离永平县县城较远，而永平县经济社会发展水平较低，对乡村剩余劳动力吸收能力有限，乡村农户在金融等生计资本、社会关系、获取就业相关信息等方面与距离县城较近的乡村相比处于劣势。调研中发现农户主要收入都是来源于外出务工，外出务工收入要显著高于农户在本地从事农业生产及打零工。因此，桃新村、新田村生态修复工程建设中受影响农户在生态修复建设补偿结束后，80%以上的农户不再复垦生态修复的土地，其中生态修复工程建设结束后倾向于再次复垦的农户主要是年龄较大的农户，由于受年龄、体力等限制无法外出务工，生计对农业生产依赖性较大。

从表 3-7 中也可以发现，各乡村存在少数农户在生态修复建设后计划复垦土地。在实地调查和农户访谈过程中发现，计划复垦农户主要是年龄较大的农户，该部分农户由于年龄、体力限制等不能外出务工，同时由于年龄较大，其观念也

相对陈旧,认为耕地种树或是撂荒,不种植粮食就是浪费,并且对生态修复建设的生态、社会经济效益了解少,同时该部分农户在乡村中属于低收入群体。因此,年龄较大的农户需要在农户基本生活保障、生态修复意义认知方面加强建设,尤其是农户基本生活、医疗等保障方面,才能从根本上消除该部分农户的复垦动机及复垦行为。苏屯村生态修复工程建设结束后计划复垦的农户占比显著高于桃新村、新田村,达到 25.0%,分析认为苏屯村位于城乡接合部,农户生计多样化水平较高,并且在县城就近就业人员占比要显著高于桃新村、新田村,也就是苏屯村县城务工劳动力在务工过程中可以较好地同时兼顾农业生产,并且由于距离县城较近,农户农业生产结构中,面向县城需求的蔬菜、瓜果等占比要显著高于以粮食生产为主的偏远乡村,并且农户农业生产收入也高于偏远乡村。因此,部分农户在增加或维持自身收入的行为原则影响下,生态修复工程建设结束后选择复垦耕地。从中也可以间接发现,在农户收入水平不高的情况下,单位耕地的净收益产出是农户在生态修复工程结束后是否决定复垦耕地的重要影响因素。

从桃新村、苏屯村、新田村被调查农户家庭劳动力外出务工情况来看,除去个别年龄较大的农户外,被调查农户每个家庭均有外出务工人员。永平县作为云南省典型的山区县,河谷平坝仅占全县土地总面积的 6.2%,经济社会发展水平相对落后,调查访谈中发现,外出务工已成为农户生计最重要的收入来源,而农业生产满足农户家庭自身消费,进入市场交易流通的农产品占比很小。

从被调查农户对现有生态修复工程建设生态补偿标准的态度看,桃新村、苏屯村、新田村被调查农户的态度存在一定的差异。桃新村、苏屯村、新田村被调查农户认为现有生态补偿标准不合理的农户占比分别为 83.8%、97.9%、61.2%。整体上,现有农户对生态修复生态补偿标准持不满意态度的占比较高,但各乡村占比存在较大差异,其中桃新村被调查农户认为生态修复的生态补偿合理值应在已有基础上增加 694 元(由于部分农户给出的生态补偿增加值为区间值,计算中取最大值为准,如 600~700 元的取最大值 700 元计算),同理分别计算苏屯村、新田村的生态补偿合理增加值。结合各乡村农户生态补偿期望的合理增加值来看,桃新村、苏屯村、新田村分别为 694 元、727 元、578 元。苏屯村农户生态补偿期望增加值明显大于桃新村和新田村,分析认为各乡村之间的差异主要是由农户单位耕地面积净收益决定的,由于苏屯村距离县城较近,单位耕地净收益要高于桃新村和新田村,因此农户生态补偿期望增加值要高于其他两个乡村。

4. 生态修复工程建设对农户生计转型发展影响分析

通过云南省永平县的案例分析发现,同一县域不同乡村中生态修复工程建设对农户生计转型发展影响,以及农户对生态修复工程建设的认知都存在较大差异。现有生态修复工程建设对农户生计影响研究分为以经济学视角分析为主和以地理学视角分析为主的两大类研究。经济学视角分析中，农户被作为一个"理性经济人"来考虑，农户行为均是基于农户获取收益最大化为前提。经济学视角研究主要基于舒尔茨提出的农户生计的不可持续发展理论，主要是农户不能很好地平衡当前与未来的消费造成的。以上观点暗含着的农户作为"理性经济人"，其理性选择就是自身收益的最大化。但根据实际调研发现，受外部环境、政策制度及农业生产技术等条件的限制，并不是所有的农户都追求实现自身收益最大化，表明外部环境、政策制度及农业生产技术等因素，以及乡村自然环境条件的不同，使可供农户选择的理性生计策略（方案）不尽相同，在不改变制度环境、技术条件及自然环境条件的前提下，可供农户选择的生计替代方案或组合相当有限，农户只能在有限的可供选择的生计策略（方案）中进行优化选择，而这些生计策略（方案）可能并没有达到农户作为"理性经济人"所追求的最优选择，同时对生态环境可能存在负面影响。因此，将其原因归结于农户自身能力不足导致的无法做出理性选择，显然是有失公允的。

　　地理学视角的研究过于重视区域自然资源环境的比较优势分析，在分析生态修复工程建设对农户生计转型发展影响空间差异时，没有将农户生计作为一个"收入—消费"的完整过程来考虑，如农户替代性生计选择模式上，基于地理学视角研究成果，多是基于生态修复建设区域的自然环境、社会经济发展环境的优劣势提出相应的生态修复治理发展路径与模式，以及农户替代性生计模式，并且在治理模式社会经济效益、生态效益评估上，侧重生产活动的生产环节，导致效益评价结果较实际成效虚高。以土地石漠化综合治理中的经果林为例，在评价农户经果林治理经济效益中，仅考虑农业生产端的产出，重视农产品产量及农产品当前价格，很多经济效益评价简单地以农产品产量乘以市场价格来估算，导致评价结果虚高，在评价中割裂了农业生产作为一个"生产—流通—消费"的完整过程，以及农产品在流通、消费环节的成本支出，这也是在生态修复建设结束后部分生态修复模式被舍弃的原因所在，因为加上"流通—消费"环节的成本，部分生态修复治理地区农户根本无法从现有生态修复治理模式中实现盈利，更难以与外出务工收入相比，导致生态修复成效巩固的不确定性显著提高。

　　目前，在工业化、城镇化深入推进的背景下，西南喀斯特地区，尤其是喀斯特山区，结合工业化、城镇化进程促进农户进城并实现市民化，降低乡村人口占比，缓解人地矛盾，才是从根本上实现西南喀斯特山区生态修复的根本所在。西南喀斯特山区受地形地貌限制，耕地破碎，导致农户的分散居住。农产品从生产到流通再到消费端的成本过高，导致农户从事农业生产的整体收益较低，此外地形地貌的限制也使实现农户城镇化或乡村功能城镇化需要极大的综合成本，而西南喀斯特地区社会经济发展相对落后，依靠自身力量根本无法实现。即使在国家的倾斜支持下可以实现，由于人口的分散居住，也存在资源使用效率低的问题。

因此,西南喀斯特地区生态修复建设成效的长期可持续性和农户生计可持续发展、乡村转型发展的重要推动力之一是持续推进乡村农民城镇化进程,降低生态环境脆弱区人地矛盾,实现人口适度聚居,从根本上消除农户破坏生态环境的动机,即西南喀斯特地区适宜发展大中型城市,逐步引导生态脆弱区乡村迁并,加速推进城镇化建设,而不是乡村城镇化。

3.2.3　喀斯特平坝区生态修复与农户生计转型发展——广西壮族自治区案例

1. 研究乡村概况

桂林市灵川县潭下镇吕竹村位于甘棠江边,属于典型的喀斯特平坝村落,村落退耕还林还草等生态修复建设主要是为了保护甘棠江水质。甘棠江是灵川县境内漓江最大支流,流域面积为 767 平方公里,每年提供几十亿立方米水量补给漓江。吕竹村产业以农业生产为主,多为种植水稻、玉米及部分蔬菜,由于距离桂林市市区较近,农户外出务工人员较多。

2. 问卷设计与数据收集

(1)调查问卷设计与问卷主要内容。调查问卷设计及主要内容构成与在云南永平县的调查问卷基本一致,故在此不再对问卷的设计及主要内容进行赘述。

(2)问卷抽样调查与回收情况。该部分问卷调查是在完成云南永平县调查后进行的,具体时间为 2015 年 8 月 13~14 日。问卷调查过程中,由于西南喀斯特平坝地区进行生态修复建设的乡村相对较少,并且生态修复建设情况较喀斯特山区规模也相对较小,故只针对受生态修复建设影响较大的农户进行调查,即在调查前首先通过询问农户,明确被调查农户受生态修复建设影响的程度,确定后再进行问卷调查,共计发放问卷 27 份,回收 25 份,经检验其中有效问卷为 20 份。

3. 问卷数据分析

(1)被调查农户自身基本情况分析。问卷中针对受访者基本情况,主要调查了受访者的性别、年龄、受教育程度及职业,其中受教育程度分为小学、初中、高中/中专、大专及以上。从事职业分为农民、工人、个体户、专业技术人员、私营企业主、企事业办事员、退休人员及其他。首先,分别对吕竹村受访者基本情况进行分析(表3-8)。

表 3-8　桂林市灵川县吕竹村被调查农户基本情况

乡村	性别		平均年龄/岁
	男性/人	女性/人	
吕竹村	14	6	55

从表 3-8 中可以发现，被调查农户中男女占比差异较大，男性户主较多，主要是因为在问卷调查时发现男性户主对家庭收入、耕地、退耕还林还草等生态修复等基本情况更了解，故调查主要针对男性户主进行，同时因问卷总量较少，导致被调查户主男女比例差异大。被调查农户户主的平均年龄为 55 岁，与云南(桃新村、苏屯村、新田村)相比，灵川县吕竹村被调查农户户主平均年龄明显偏大。分析认为主要原因是灵川县作为桂林市近郊县，三面紧邻桂林市市区，桂林市社会经济发展水平显著高于永平县，而永平县距离大理市 110 多公里，距离较远。同时灵川县(区)属于喀斯特平坝地区，交通便利，社会经济发展水平显著高于永平县，可为乡村劳动力提供相对丰富的工作机会，并且吕竹村距离城区较近，导致吕竹村大量青壮年劳动力外出务工，留守村落青壮年劳动力占比要显著低于云南省永平县被调查乡村，综上原因共同导致吕竹村被调查农户平均年龄显著高于云南省永平县被调查农户。

从表 3-9 中可以看出，吕竹村被调查农户受教育程度绝大部分集中在小学和初中层次，极少数为高中，而大专及以上受教育程度农户仅有 1 人。这也反映出乡村农户整体上受教育水平普遍较低，同时由于调查样本数量相对较小，因此这并不能完全代表全村农户的受教育水平，因为受教育水平较高的青壮年劳动力一般多选择外出务工。

表 3-9　桂林市灵川县吕竹村被调查农户受教育基本情况　　　　(单位：人)

乡村	小学	初中	高中/中专	大专及以上
吕竹村	9	7	3	1

(2)被调查农户家庭生计基本情况分析。被调查农户家庭生计基本情况，主要分析被调查农户所从事的主要生计类型，若农户既从事农业生产又从事打零工等工作，则根据被调查农户户主的主要收入来源确定生计类型(表 3-10)。

表 3-10　桂林市灵川县吕竹村被调查农户主要生计基本情况　　　　(单位：人)

乡村	农民	工人	个体户	专业技术人员	私营企业主	企事业办事员	退休人员	其他
吕竹村	17	3	0	0	0	0	0	0

从表 3-10 中可以发现，吕竹村被调查农户绝大部分生计主要以从事农业生产为主，但调研发现，农户在确定主要生计类型方面往往是根据自己身份及所从事的主要生产活动来确定，但实际上农业生产获得的收入在农户总收入中并不占主要部分，农产品主要用于农户自给自足，进入市场流通交易的较少。

从被调查农户家庭年收入（年净收入）情况来看，吕竹村被调查农户年净收入小于 1 万元、1 万~2 万元、2 万~3 万元、3 万元以上的农户数量分别为 4 户、3户、3 户、10 户，所占比例分别为 20%、15%、15%、50%，其中年收入 2 万元以上的农户占 65%。从被调查农户年净收入看，年净收入超过 2 万元的占多数，其中 3 万元以上占 50%，显著高于云南永平县调研乡村，表明吕竹村紧邻桂林市，其整体收入水平较高，这也表明紧邻城镇对农户收入具有直接而重要的影响。此外，实际调查中发现，吕竹村农户也普遍不愿意透露家庭年净收入，分析认为主要是担心未来不能得到政府生态修复建设的相关补贴，因此认为农户实际年净收入应该高于调查数据。

（3）生态修复建设对被调查村落农户生计影响程度的自我评估。该部分问卷主要是农户从自身视角主观评估生态修复建设对其自身生计转型发展的影响程度。主要问题包括：生态修复建设对自身农牧业收入是否存在影响、影响程度如何、退耕还林还草等生态修复建设结束后是否会计划复垦、家庭中是否存在因退耕还林还草等生态修复建设导致的对农业劳动力需求减少而出现外出务工的情况、现有生态修复建设的生态补偿标准是否合理，不合理的话，农户（自己）认为在现有补偿标准上应增加多少为合理标准，结果如表 3-11 所示。

表 3-11　桂林市灵川县吕竹村被调查农户生计影响程度自我评估

乡村	农户生计影响程度的自我评估								
	影响/人	无影响/人	不复垦/人	复垦/人	有务工/人	无务工/人	合理/人	不合理/人	期望/元
吕竹村	14	6	13	7	18	2	2	18	867

从表 3-11 中可以看出，吕竹村生态修复建设对农户生计转型发展的影响相对较大，其中被调查农户中认为生态修复建设对其自身生计转型发展造成一定影响的占比为 70%，分析认为吕竹村位于甘棠江沿岸，属典型喀斯特平坝地区，地势平坦，耕地质量较好，水利灌溉比较便利，并且位于桂林市郊区，进城务工机会较多，加之在本市务工的青壮年劳动力由于距离较近，基本不耽误农业生产，对家庭农业生产活动的影响较小。因此，实施退耕还林还草建设占用的耕地其农业生产产出部分的收入基本丧失，使农户能明确感受到生态修复建设对家庭收入造成的影响，因此农户认为生态修复建设对自身生计造成了显著影响。

农户对生态修复建设政策支持及了解程度方面，农户对生态修复建设的支持态度较好，但对生态修复建设相关政策了解程度相对较低。吕竹村被调查农户中65%的农户对生态修复建设持支持态度，35%的农户持不太关心态度，没有农户明确不支持生态修复建设。农户对生态修复相关政策了解程度上，调查发现35%的农户对本区域生态修复建设较为了解，45%的农户了解较少，其中剩余的 20%的农户只是知道国家有生态修复相关政策，对政策的具体情况了解很少。这表明农户在思想观念上不够积极主动，对国家生态修复建设的相关政策主动了解学习不够，导致对生态修复建设认识不够，思想上对生态修复建设重视不足，从而使农户在生态修复建设及自身行为方面贯彻生态修复建设不够彻底。在实际调研中也发现，部分农户只清楚生态修复建设是国家推行的一项利国利民的好政策，但农户并不清楚生态修复政策的具体内容，生态修复建设的意义，以及生态修复建设如何与自身利益相关，表明政府在生态修复建设相关政策宣讲方面有待进一步加强，使农户能够了解生态修复建设的益处，从而在思想上重视，在行为上贯彻执行。加强生态修复相关政策宣讲，对未来进一步消除生态环境破坏的胁迫因素，实现生态修复建设及其成效巩固可持续发展具有重要且迫切的现实意义。

从被调查农户对现有生态修复生态补偿标准的态度来看，吕竹村现有农户对现有生态补偿标准持不满意态度的占比为90%，并认为生态补偿合理值应在国家现有生态补偿标准基础上增加 867 元(计算方法同上)。与云南省永平县被调查乡村(桃新村、苏屯村、新田村)相比，吕竹村农户期望的生态补偿增加值明显更高。分析认为，农户生态补偿标准期望增加值的估算除以耕地的实际产量为依据，还受农户自身收入水平、区域平均收入水平的影响，吕竹村农户家庭年净收入要显著高于云南省被调查乡村，因此其对生态补偿的不满意程度及期望值均显著高于喀斯特山区农户。但从被调查农户生态修复建设结束后是否复垦情况来看，生态补偿结束后不计划复垦的农户所占比例为65%，要显著低于云南永平县被调查乡村，这主要是因为农户外出务工人员就近务工方便，不耽误农业生产，并且交通、水利等基础设施较好，农业生产收益较高，农民在经济收益及传统观念上不易放弃退耕耕地的耕种。

4. 生态修复建设对农户生计转型发展影响分析

从吕竹村生态修复建设对农户生计转型发展的影响分析发现，吕竹村地处平坝地区，自然生态环境质量好，并不需要进行生态修复建设。吕竹村生态修复建设的主要目的是有效保护漓江支流甘棠江的水质水量，而漓江的水质水量是阳朔乃至桂林旅游经济发展的关键基础，漓江没有优质的水源将对桂林旅游经济发展造成严重的负面影响。但甘棠江流域没有比较著名的旅游景点，甘棠江生态修复建设对流域经济社会发展、农户生计转型发展等的影响并没有直接获得桂林旅游经济发展的收益，也就是说流域之间缺乏生态补偿。现有生态补偿主要是以政府财政转移支付的形式进行，对由市场自我调控配置作用导致的生产要素(人力、资本、技术等)地理空间流动所形成的间接生态补偿的相关研究较少，有待进一步深入。可通过有目的地引导生态补偿支付方(国家主体生态功能区确定的经济发达的优先开发区)经济发展的溢出效应更多地流向生态补偿受偿方(国家主体生态功能区确定的经济发展落后的限制性开发区)，实现双方一定程度上的互利共生的自我生态补偿机制，促进受偿方和支付方的生态与经济协调发展，最终实现限制性开发区域发展成为人口密度适中的人类-生态协调可持续发展的生态服务供给区和优先开发区域发展成为具有良好生态服务供给支撑的具有高竞争力的都市群或大都市区；或是通过政府间的搭桥，使生态修复建设受益方向生态修复建设区域提供一定的资金支持，如甘棠江流域生态修复建设的主要目的是保障漓江水质水量的稳定而进行的，但甘棠江流域在保障漓江水量水质稳定的情况下，并没有直接享受到阳朔，乃至桂林以漓江风光为核心的旅游经济发展所带来的巨大收益。这在一定程度上存在不公，做出贡献的生态修复建设区域没有得到自己建设成果所带来的社会经济效益。因此，在区域或是单个行政区内，如何实现对生态修复建设区或建设者进行公平合理的生态补偿，是促进地方、农户参与生态修复建设，提高生态修复相关利益方建设积极性的关键。

3.2.4　喀斯特山区生态修复与农户生计转型发展——重庆市案例

1. 研究区域

丰都县地处渝东北三峡库区的腹地中心，地形以喀斯特山地、丘陵为主，喀斯特地貌发育显著，县域森林资源丰富，是重庆生态修复重点建设县。2002～2015年全县 28 个乡镇共完成了 26527 公顷退耕及造林任务，其中退耕地造林面积为10193 公顷，荒山造林面积为 13333 公顷，封山育林面积为 3000 公顷。在国家第一轮退耕还林还草等生态修复建设中，丰都县较为注重退耕还林还草建设与农户生计转型发展的紧密联系，并与生态移民(主要为高山移民)建设相结合，取得良好的生态、社会经济效益。故选择丰都县生态修复建设相关乡村作为重庆市喀斯特山地丘陵区生态修复建设与农户生计转型发展的研究案例，选取丰都县龙孔镇大坝村、江池镇虎劲村、兴龙镇春花山村、仙女湖镇竹子村与黄沙村等 5 个乡村作为案例乡村进行调查研究。被调查乡村主要实施了退耕还林、封山育林等生态修复措施，并且退耕还林中部分种植了以核桃、板栗、竹、龙眼、猕猴桃、柚子等为主的经果林木。

2. 问卷设计与数据收集

(1) 调查问卷设计与问卷主要构成内容。丰都县调查问卷设计及主要内容构成与在云南、广西的调查问卷一致，故对调查问卷的设计及主要内容不再赘述。

(2) 问卷具体抽样调查与回收。丰都县被调查农户问卷调查由在丰都县进行暑假实习的驻村大学生（重庆城市职业管理学院学生）完成，于 2015 年 8 月中旬在丰都县龙孔镇大坝村、江池镇虎劲村、兴龙镇春花山村、仙女湖镇竹子村与黄沙村等 5 个乡村进行入户调查。同样，为更好地了解生态修复建设对农户生计转型发展的影响，在问卷调查过程中，选择受生态修复工程建设影响较大的农户进行问卷调查，共发放问卷 104 份，回收有效问卷 83 份，问卷有效率为 79.8%。

3. 问卷数据分析

(1) 被调查农户自身基本情况分析。问卷针对受访农户基本情况主要调查了受访农户的性别、年龄、受教育程度及职业，其中受教育程度分为小学、初中、高中/中专、大专及以上。从事职业分为农民、工人、个体户、专业技术人员、私营企业主、企事业办事员、退休人员及其他。由于丰都县 5 个乡村总共回收 83 份问卷，每个乡村问卷数量较少，故将 5 个乡村问卷统一进行分析。

表 3-12　重庆市丰都县大坝村等被调查农户性别和年龄情况

乡村	性别		平均年龄/岁
	男性/人	女性/人	
丰都县大坝村等 5 个乡村	49	34	38

从表 3-12 中可以发现，被调查农户户主平均年龄为 38 岁，明显小于广西被调查农户户主平均年龄，但与云南被调查乡村农户户主平均年龄相近。分析认为主要原因是丰都县地处三峡库区腹地，周边县市经济发展水平普遍不高，距离较近的经济发达的大中型城市主要为重庆主城区与宜昌，但丰都距离宜昌（距宜昌直线距离为 340 公里）及重庆主城距离（距重庆主城直线距离为 120 公里）均较远，务工兼农型农户占比较小。据实地调查发现，外出务工人员除特殊情况外，均只有春节回家。这也表明，外出务工距离远导致的经济成本与时间成本，对农户返乡及农户生计构成均具有重要影响。因此，一般情况下，乡村劳动力外出务工导致的乡村老人妇女等留守情况存在显著差异，政府在相关政策制定及实施方面，需要充分考虑不同地区之间外出务工人员对乡村农业生产等影响的差异情况。

从表 3-13 中可以看出，重庆市丰都县大坝村等被调查农户受教育程度绝大部分集中在高中/中专及以下水平。其中，小学层次最多，初中及高中/中专学历层次次之，但在实地调研中发现属于高中学历层次的被调查农户多数属于高中中途退学，其主要原因是读书时家庭经济条件比较困难，同时按照当年的升学率，高中毕业被大学录取希望不大(农户主要根据自己就读学校的大学升学率来判断自身考取大学的概率)，并且农户认为读大学将使家庭面临更大的经济压力，大学毕业后的就业压力也很大，因此很多农户在高中时选择中途主动退学，在家务工或外出务工来缓解家庭经济困难。这也反映出乡村农户在自身教育投资方面面临的困境，目前高等教育入学率有限，而家庭又面临较大的经济压力，因此选择主动退学。从农户视角来看，持续进行教育投资，可能使整个家庭面临巨大的经济压力，并且被调查农户家庭中一般有多个兄弟姐妹，一般作为年长的子女在升学困难或家庭经济压力下，往往主动退学帮助父母，并继续资助家庭中较小子女的继续教育。调查中也发现，被调查农户进入技术类职业学校学习的人极少，分析认为，除了受传统观念的影响外，职业技术类院校数量较少，也是限制农户做出选择的重要影响因素。

表 3-13　重庆市丰都县大坝村等被调查农户受教育基本情况　　(单位：人)

乡村	小学	初中	高中/中专	大专及以上
丰都县大坝村等5个乡村	32	21	20	10

(2)被调查农户家庭生计基本情况分析。被调查农户家庭生计基本情况主要是针对被调查户主所从事的主要生计类型，若户主既从事农业生产又从事打零工等工作，则让调查户主根据收入主要来源确定生计类型。

从表 3-14 中可以发现，丰都县大坝村等被调查农户生计多样性相对云南永平县被调查乡村要高，其中农民所占比例最大，其次是工人及其他职业者。但实际调研中发现，农户在职业确定上存在误区，其确定自身职业主要根据身份来确定，如农户农业生产收入在家庭总收入中一般不占有绝对优势，但由于身份限制属于农民，将自身职业归于农民。现阶段农民生产的农产品主要用于农户家庭自我消费，维持农业生产主要减少了农户稻米等基本粮食方面的支出，而外出务工等非农收入占农户家庭净收入的绝大部分，但农户由于土地情节等原因对农业生产活动也具有相当高的重视程度，尤其是年龄较大的农户。

表 3-14　重庆市丰都县大坝村等被调查农户职业情况　　(单位：人)

乡村	农民	工人	个体户	专业技术人员	私营企业主	企事业办事员	退休人员	其他
丰都县大坝村等5个乡村	31	17	5	8	3	5	1	13

从被调查农户家庭年收入(年净收入)来看,丰都县大坝村被调查农户家庭年收入小于 1 万元、1 万~2 万元、2 万~3 万元、3 万元以上的农户数量分别为 19 户、32 户、19 户、13 户,所占比例分别为 22.9%、38.6%、22.9%、15.7%。从被调查农户家庭收入看,年收入超过 2 万元的农户仅占 38.6%,虽然农户在被调查过程中倾向于低报家庭净收入,但收入调查数据还是可以反映被调查乡村农户收入的整体水平结构。丰都县大坝村等被调查农户收入整体水平还是明显低于桂林市灵川县吕竹村,与云南省永平县被调查农户相比也明显偏低,分析认为丰都县经济发展水平在重庆市 38 个区县中很靠后,2015 年人均地区生产总值为 25216 元,全市排名第 32 位,不到全市平均水平的一半;重庆市三峡库区由于交通、市场及生态环境等多种因素的制约,产业空心化较为严重,就业压力大。同时三峡库区又是我国重要的生态环境脆弱区和重点生态功能区,社会经济发展面临较大困难,而丰都县又地处三峡库区腹地,在区位条件方面并不存在优势。此外,重庆市主城区正处于快速发展阶段,在一定程度上并没有产生相应的较强的溢出效应,反而重庆市主城区发展的虹吸效应对库区县域社会经济发展造成了一定的负面影响。

4. 生态修复建设对农户生计转型发展影响程度的农户自我评估

针对丰都县大坝村等的调查问卷主要从农户自身视角评估生态修复建设对农户自身生计发展的影响程度,主要内容包括:生态修复对自身农牧业收入是否存在影响、影响程度如何、退耕还林还草等生态修复结束后是否会复垦、家庭中是否存在因退耕导致的农业劳动力需求减少而出现外出务工、现有生态修复的生态补偿标准是否合理,不合理的话,农户认为在现有补偿标准上应增加多少为合理标准,如表 3-15 所示。

表 3-15　重庆市丰都县大坝村等被调查农户生计影响程度的自我评估

乡村	影响/人	无影响/人	不复垦/人	复垦/人	有务工/人	无务工/人	合理/人	不合理/人	期望/元
丰都大坝村等 5 个乡村	44	39	35	48	72	11	64	19	800

从表 3-15 中可以计算出丰都县大坝村等乡村农户对生态修复建设对其生计转型发展影响的评估情况。丰都县龙孔镇大坝村、江池镇虎劲村、兴龙镇春花山村、仙女湖镇竹子村与黄沙村等 5 个乡村被调查农户中 47%的农户认为生态修复建设对自身生计转型发展并未造成影响,而 53%的农户认为生态修复建设对其自身生计转型发展造成了影响。实地调研访谈中发现,由于调查乡村地貌属于典型喀斯特山地丘陵区,平坝耕地面积占比较小,生态修复建设,尤其是坡耕地的退耕还

林还草建设导致农户旱作耕地急剧减少，对农户农业生产在感官上造成了很大影响，这也是超过半数农户认为生态修复建设影响了其生计转型发展的主要原因。但是随着与农户深入交谈发现，从生态修复建设对农户家庭年净收入的影响来看，在计算退耕还林还草国家生态补偿的前提下，由于退耕坡耕地旱地质量较差，农业产出能力相对水田低很多，并易受干旱等自然灾害的影响，所以整体上退耕还林还草造成的坡耕地(主要为旱作地)减少对农户家庭年净收入影响不大。

农户对生态修复政策支持及了解程度方面，丰都县大坝村、虎劲村、春花山村、竹子村与黄沙村等 5 个乡村被调查农户中 72.3% 的农户对生态修复建设持支持态度，22.9% 的农户持无所谓不太关心的态度，剩余 4.8% 的农户持不支持的态度。在被调查农户对生态修复政策了解程度方面，6% 的农户对生态修复建设及其相关政策较熟悉，42.2% 的农户对生态修复建设及其相关政策了解一些；43.4% 的农户对生态修复建设及其政策了解较少，8.4% 的农户仅知道国家有生态修复工程建设及其相关政策，但了解较具体的农户很少。

从被调查农户整体来看，绝大多数被调查农户对生态修复建设持积极支持的态度，但也存在相当部分农户对生态修复建设持无所谓态度，小部分农户持反对态度，该部分农户由于思想上的不重视，在农户实际生产活动中将对生态修复建设产生一定的负面影响。调研中发现，该部分农户多是因为对相关生态修复政策及其建设的意义价值等了解不够，导致其在认识方面的不重视。此外，生态修复补偿及分配公平问题也是农户态度不积极和反对生态修复建设的重要因素。从政策了解程度上看，绝大多数农户对生态修复政策有所了解。在实际调研中发现，农户对生态修复建设的生态补偿政策了解相对较多，但对生态修复建设长远效益的理解不够，这也是导致生态修复建设生态补偿结束后，部分农户计划复垦的主要影响因素。因此，未来应重视对农户宣传生态修复建设的相关政策，重点宣讲生态修复建设的长效生态经济效益，使农户充分认识到生态修复建设对国家、区域和乡村可持续发展的长期成效与支撑作用。

从农户对现有生态修复建设生态补偿标准的态度看，丰都县大坝村等乡村被调查农户对现有生态修复建设生态补偿标准持满意态度的占比 71%，不满意的占比为 29%，这也从侧面表明了丰都县退耕还林还草等生态修复建设对农户生计转型发展的影响程度，生态修复建设等对农户生计发展影响不大。调查显示，53% 的农户认为其自身生计发展受到生态修复建设的影响，认为现有生态修复生态补偿不合理的农户认为生态补偿标准应在现有基础上增加 800 元/亩，相当于在国家现有生态补偿标准上增加 1 倍。在调研中发现，被调查农户对生态补偿是否合理的判断，往往与退耕土地农业实际产值的关联性不大，而农户以外出务工或是从事其他非农工作的收入作为参考，也就是说一般情况下农户收入越高，其对生态补偿的期望值也越高，这也是部分农户认为生态修复对自身生计转型发展影响不大的原因所在。

但从被调查农户生态修复结束后是否计划复垦情况来看，生态补偿结束后不计划复垦的农户占比仅为 42.2%，计划复垦的农户占 57.8%，这与调研的西南喀斯特地区其他省份相比，计划复垦农户占比显著过高，分析认为由于丰都县地处三峡库区腹地，社会经济发展落后，农户收入普遍较低，农户对农业生产依赖性相对较高，尤其是留守农户；农户耕地构成中坡耕地等望天田占比大，因此农户对耕地的重视程度要高于耕地相对较多的喀斯特平坝及喀斯特盆地地区。同时，也与农户外出务工的便利程度、获得工作的难易程度有关。分析发现农户的生计策略是在满足保障其基本生活的前提下，从而进一步谋求生计收入的增长，以应对家庭的教育、医疗、婚嫁等相关大额支出，而耕地在实现保障农户基本生活方面具有重要的基础作用，自产农产品可满足农户大部分基本生活需要。

5. 生态修复建设对农户生计发展影响分析

三峡库区是我国典型生态脆弱区，也是我国乡村经济社会发展最落后的地区之一，是典型生态脆弱与相对贫困叠加区，土壤侵蚀、水土流失是库区最严峻的生态环境问题。同时，三峡水库成库后对库区生态环境条件提出了更高的要求。从实地调研及问卷分析可以发现，库区生态修复建设对农户生计的影响程度要高于西南喀斯特地区的一般地区，除去丰都县位于渝东北三峡库区腹地的区位劣势外，三峡库区产业空心化，乡村剩余劳动力就近就业压力大，大部分难以实现就地就业，乡村人口流出占比大，农户收入及收入来源多样化水平较低，使农户对耕地等环境资源的依赖程度较高，这也是生态补偿后计划复垦的农户占比较高的重要原因。同时，在退耕还林还草等生态修复工程中建设的部分经果林虽然果品产量较高，但由于受农产品市场价格波动，以及农产品流通及销售环节等方面成本支出的影响，农产品并没有及时销售出去，农户获得的经济收益不高，因此相当部分农户主动放弃了对经果林的后续管理维护，导致农户参与生态修复建设的积极性不高，并且部分经果林中出现了小面积的蔬菜种植，表明农户对经果林管理的重视不足。从根本上来看，重庆三峡库区经济社会发展相对落后，产业空心化严重，城市化水平低，同时由于地形地貌的影响，耕地破碎度高，坡耕地占比高，耕地的破碎分散导致农户居住的分散，而分散的居住方式使乡村环境治理管理、基础设施建设等都面临高昂的成本，同时分散的居住、生产均不利于农户农产品生产运输销售等。虽然库区目前基本实现了村村通公路，实地调研发现农户前往县城乡镇的通勤时间成本过高，公共交通水平有待提高。因此，我们认为重庆喀斯特山区，尤其是三峡库区在条件允许的情况下，可适当地实施农户集中居住，迁村并点，不仅能减少农户对生态环境的胁迫影响，有利于生态修复，同时有利于库区基础设施建设投资发挥更高的效率，有利于培育乡村新的经济增长点并带动农户生计转型发展。而现有生态修复建设及生态补偿现状下，生态修复建设导致可耕作土地(坡耕地)减少，但生态补偿并未为农户生计转型发展提供新的机遇与有效支持，在生计维持相对不变的情况下，在生态补偿结束后农户生计压力可能相对更大。调研中发现，外出务工农户未来工作就业的情况对农户是否计划复垦具有直接影响，可以认为区域(库区)经济乃至全国经济发展状况的变化，通过对乡村剩余劳动力流动的影响间接影响到退耕还林还草、天然林保护及土地石漠化综合治理等生态修复工程建设成效的巩固增效。因此，加强对乡村农户外出务工决策机制的了解，对深入推进生态修复建设、巩固生态修复建设成效的可持续性具有重要的现实意义。

3.2.5　喀斯特平坝区生态修复与农户生计转型发展——四川省案例

1. 研究区域

四川省峨眉山市胜利街道属于喀斯特平坝地区，同时乡村经济较为发达。选取经济较为发达的胜利街道夏荷村(调研受生态修复建设影响农户)可通过与西南喀斯特地区其他乡镇经济不发达地区对比，分析了解西南喀斯特地区不同经济发展水平乡村中，生态修复建设对农户生计转型发展影响的差异，故选择位于喀斯特平坝区乡镇经济较为发达的胜利街道夏荷村作为案例乡村。

2. 问卷设计与数据收集

问卷设计与问卷结构。调查问卷设计上综合考虑了调查区域与以往调查区域的环境差异。为确保问卷更好地反映生态修复建设对农户生计转型发展影响及保证问卷调查数据的准确可靠，在进行问卷正式设计前，查阅相关已有研究成果，了解生态修复对农户生计发展影响主要作用因素。在以上基础上初步设计调查问卷初稿，并请相关领域专家对调查问卷设计提出修改意见，修改后最终确定调查问卷内容。

调查问卷内容主要包括三大部分，分别为受访农户基本情况(包括职业、年龄、受教育程度、健康状况等)、农户家庭生计基本情况(包括主要种植农作物、外出务工、农产品销售及非农销售等基本情况)及乡村生态修复建设基本情况(包括生态修复类型、农户对国家进行生态修复建设的态度和生态修复对农户自身收入影响等基本情况)。

调查问卷发放与回收。胜利街道夏荷村属于喀斯特平坝地区，生态修复建设规模相对较小，受生态修复建设影响的农户也相对较少，并且夏荷村农户外出务工人员较多，因此对夏荷村主要采取对农户访谈与抽样问卷调查(仅获得 10 份问卷资料)相结合来获得分析资料。

3. 问卷数据分析

(1) 被调查农户基本情况分析。从抽样调查问卷数据来看，夏荷村被调查农户平均年龄为 47.5 岁，受教育程度构成方面，文盲农户（包括未上学但是自学认识少量字的农户）有 2 户、占 20%，小学文化程度农户有 6 户、占 60%，初中文化程度（含未毕业）农户有 1 户、占 10%，高中文化程度农户（含未毕业）有 1 户、占 10%。虽然夏荷村调查问卷数量较少，但从调查农户受教育程度看，被调查农户文化程度普遍较低，这也表明对农户进行一定的农业生产技术及技能培训和宣讲是必需的，有助于农户开阔思路，促进农户生计多样化发展；健康程度方面，被调查农户身体健康程度均为良好。

现有农户职业构成方面，被调查农户职业为农民的占 80%，工人占 10%，专业技术人员占 10%。其中，夏荷村 40% 的被调查农户掌握了养蜂等传统农业生产以外的技能；80% 的农户接受过农业生产方面的培训或讲座；被调查农户中 70% 的农户接受过非农培训或学习，分析认为由于夏荷村地处城乡接合部，受成都经济社会发展辐射影响较大（距离成都 180 公里），同时胜利街道乡镇经济（企业）较为发达，绝大部分农户曾经有过务工经历。分析认为，一般情况下，在务工正式上岗前，工厂都会对缺乏相关工作经验的农户进行一定时间的岗前培训，因此才会出现多数被调查农户接受过非农培训的情况。此外，乡村蜜蜂专业化养殖发展较好，与四川农业大学等高等院校有紧密合作，川农大教授会针对农户养殖等相关技术问题举行讲座，吸引很多农户前去学习。

(2) 被调查农户生计基本情况分析。被调查农户中 80% 种植水稻、大豆、花生及油菜等作物，其中 20% 的农户除种植基本粮食作物外，还种植时蔬、经果林，其中经果林以板栗、李子、梨为主。经果林水果产品及蔬菜等销售方面，80% 的农户主要在本地集市上出售，20% 的农户主要通过外来商贩的收购来实现销售。农户水果产品及蔬菜等销售渠道的差异主要受农户经果林及蔬菜种植规模大小的影响。调查发现，生态修复建设未对农户自身经果林发展造成负面影响。在牲畜养殖方面，只有约 40% 的农户养殖猪等大型牲畜，其中约一半农户属于以市场出售为目的的经营性养殖。此外，约 10% 的农户养殖鸡、鸭等小型家禽，部分针对市场出售。

农户非农经营方面，被调查农户主要从事农家乐、小商店及小手电加工。非农经营活动的资金主要来源于家庭积累、银行贷款及亲友借贷，其中最重要的资金来源于家庭积累，其次来源于银行贷款。其中，所有非农经营农户未来都期望从事和扩大现有生计模式，这表明农户在未来生计选择方面，为规避风险倾向于在已有生计的基础上进行优化，也间接表明农户在生计选择上具有显著的路径依赖，说明了乡村农户从事非农经营收入要显著大于农业生产。

外出务工方面，80%的被调查农户家庭中至少有一名外出务工人员。其中，外出务工人员中25%在外省务工，外出务工人员的月平均工资约为3000元，而本地务工人员平均工资约为2336元。从平均工资来看，外出务工月平均工资收入明显高于本地务工收入。从外出务工所从事的行业来看，男性外出务工人员主要进入工厂工作，女性务工人员主要从事销售等工作。本地务工者从事行业则相对多元化，男性劳动力主要从事机械加工、厨师、建筑工等，女性劳动力主要从事销售员、工人等对体力要求相对不高的工作。调研中发现，在外出务工及本地务工选择上，大部分农户倾向于本地务工，因为可以较好地兼顾家庭生活、子女教育及照料老人等。

（3）生态修复建设与被调查农户生计关联分析。夏荷村主要实施了退耕还林还草、植树造林等生态修复建设，主要是改善农业生产条件。对生态修复建设的态度上，被调查农户全部都支持生态修复建设，并且在对生态修复建设了解程度上，被调查农户中80%的农户比较了解政府推进生态修复建设的情况，剩余20%的农户对生态修复建设也了解一些，没有农户完全对生态修复政策不了解。

受生态修复建设影响方面，从农户耕地转化来看，耕地主要转化为生态林和经果林，由于国家规定了退耕还林还草中生态林的占比，故生态林面积占比较大。生态修复建设对农户收入影响方面，90%的被调查农户认为生态修复建设对收入没有影响，仅有约10%的农户认为生态修复建设对收入有一定的负面影响。农户访谈了解到主要是经果林种植初期未挂果前对农户收入造成了一定的影响，农户认为经果林建设收入会高于原来的粮食种植。

在生态补偿结束后是否复垦问题上，被调查农户中25%的农户不计划复垦，但是75%的农户计划复垦，复垦后主要计划从事经果林、特色水果、蔬菜种植或牲畜养殖等。对现有生态补偿标准是否合理问题上，80%的农户认为补偿合理，约20%的农户认为补偿过低，应给予增加，认为现有物价水平不断升高，而生态补偿标准不变，在一定程度上相当于补偿在不断减少。同时，调查中发现由于胜利街道经济相对发达，农户收入多样化水平较高，农户对生态补偿标准是否增加方面的关注程度明显低于喀斯特山地丘陵区的农户。

4. 生态修复建设与农户生计发展分析

夏荷村地处喀斯特平坝地区，山地丘陵面积占比小，同时由于区域乡镇经济发达，农户整体上对生态修复建设的关注度不高。区域耕地质量高，地处城郊，农业发展多元化程度高，除基本的粮食作物种植外，蔬菜、瓜果、特色养殖等发展较好，并经营农家乐等多种非农经营活动。同时，政府在扶持农业发展方面投入较多，如政府主导组织对农户开展培训，邀请四川农业大学相关专业教授提供技术指导。选派农户代表外出学习相关经验，再传授给相关农户；政府倡导组建相关农业合作组织，鼓励农户建设家庭农场及发展专业大户，如利用农作物秸秆、家畜粪便等发展特色蚯蚓养殖，充分实现物质的循环利用，既提高了农户收益，又有利于生态环境改善。

整体上，夏荷村属于城郊乡村，经济较为发达，农户从事非农经营意识较强，生计多样化及收入多样化水平较高，对农业生产重视程度相对较低。同时，由于农业生产收益较低，乡村耕地也存在少量的撂荒，部分农户主动将部分耕地栽种速生杨等经济林，或将耕地转租给其他农户耕种，因此生态修复建设推进主要是完成国家下达的基本任务。农户生计变化主要受区域乡镇经济发展状况的影响，生态修复建设对农户生计影响很小。区域生态修复建设不同于喀斯特山地丘陵区，该区域可在充分发挥乡镇经济对乡村劳动力吸纳的基础上，大力发展高效温室大棚等高附加值农业生产及经果林、生态经济林等，实现农业、林业生产与生态修复建设的有机结合，同时加强对乡镇企业发展生态环境影响效应的监督与管理。生态修复建设以经果林或速生林为主，注重林木生产的可持续性。在逐步实现农户生计非农化过程中，实现生态修复建设和乡村转型发展的协同，也就是说在抓好区域乡镇经济发展，实现农户生计非农化过程中，同时完成乡村生态修复建设和乡村生态、经济社会发展的转型。

3.2.6　喀斯特山区生态修复与农户生计转型发展——湖北省案例

1. 研究区域

恩施市是湖北省最早进行生态修复建设的地区之一，其中龙凤镇以退耕还林还草、封山育林等为主要修复措施，是湖北省退耕还林还草典型示范区之一，退耕还林还草等生态修复建设工作成效显著。2012 年 12 月，时任国务院副总理李克强到湖北恩施市龙凤镇青堡村等调研，并与村民座谈，了解乡村相关产业发展及农户生产生活等问题。

店子槽村地处龙凤镇西北部，全村面积为 28.8 平方公里，耕地为 3130 亩（208.67 公顷），截至 2017 年共有农户 663 户，人口 2295 人，农户居住较为分散，属于典型喀斯特山区乡村，山高人稀。以前乡村产业发展滞后，交通等基础设施建设落后，主要依赖传统农作物耕种，农民人均纯收入不足 2000 元，属于恩施市乡村经济社会发展最落后的地区之一。

2012～2016 年，店子槽村抓住龙凤镇综合扶贫改革试点建设机遇，充分发挥帮扶单位及本村区位优势，共调整耕地生产结构 2200 亩，引进规模企业 4 家，培育专业大户 4 户，切实改善了滞后的乡村产业短板，并通过扶贫搬迁、公路硬化、安全饮水、村庄绿化亮化等惠民工程大力改善了农户生产生活条件；重点通过产业发展、扶贫搬迁、生态建设等"五个一批"措施，以"集约高效、优质多样"为产业发展总体原则，调整优化乡村产业结构，实现农民增收、农业增效和社会事业全面发展进步的目标，把精准扶贫及生态修复建设等工作提高到一个新的水平，切实做到了扶贫一户发展一户。

2. 研究区域退耕还林还草等生态修复工程实施基本情况

2013 年国家初步确定全国新一轮退耕还林还草的总规模为 8000 万亩，其中2014 年启动 1000 万亩。2013 年湖北省恩施市龙凤镇国家新一轮退耕还林还草工程规划布局目标是坡耕地退耕 21518 亩，其中：乔木林 11630.7 亩，营造树种为核桃、漆树、红豆杉、桢楠；灌木林 9887.3 亩，营造树种全部为茶树(茶叶)。青堡村营造乔木林 8324.3 亩，分别为核桃 7352.5 亩、漆树 692.0 亩、桢楠 279.8 亩。龙马村营造乔木林 732.6 亩，分别为漆树 621.0 亩、红豆杉 111.6 亩；营造灌木林3110.9 亩，树种为茶树(茶叶)。柑子坪村营造乔木林 526.3 亩，树种为漆树；营造灌木林 2207.8 亩，树种为茶树(茶叶)。猫子山村营造乔木林 298.6 亩，树种为漆树；营造灌木林 3421.7 亩，树种为茶树(茶叶)。调研乡村店子槽村营造乔木林1738.9 亩，树种为漆树；营造灌木林 359.5 亩，树种为茶树(茶叶)。双堰塘村营造灌木林 787.4 亩，树种为茶树(茶叶)。

恩施市龙凤镇新一轮退耕还林还草的基本原则为：①坡角在 25 度以上的陡坡耕地；②严重沙化耕地；③农民自愿退耕耕地。恩施市龙凤镇按照国家新一轮退耕还林还草工程的相关要求，根据本地区退耕还林还草等生态修复建设特点，制定了相关的配套政策，如在生态修复建设工程实施的第 1、3、5 年进行检查并兑现生态补助，第 1 年检查生态修复建设工程完成情况，第 3 年检查生态修复建设保存情况，第 5 年检查生态修复造林的抚育及成林情况。具体到湖北省，以乔木树种为主，退耕还林前农民要自愿申请并签订相关合同，还林后林业部门要及时对造林地确权发证，改变土地地类性质。

恩施市龙凤镇店子槽村人均耕地面积为 0.8~0.9 亩，退耕还林建设主要在高山区且生态经济成效较好。高山区主要种植柳杉，柳杉属于速生树种，生长速度快，一般情况下 15 年左右就可以长成直径 20cm 以上的林木，但当地林地流转监管严格，砍伐需要当地林业监管部门的审批，审批后才可以砍伐销售。

调研的店子槽村退耕还林建设中主要经济树种为茶树，茶树相对传统作物经济效益高，清明节以前采摘的茶树鲜嫩芽市场收购价格一般为 22.5 元/千克，但清明过后价格迅速降低，节后一般市场价格仅为 2.5 元/千克。在清明节以前由于当地海拔较高，温度较低，茶树嫩芽生长有限，而节后由于鲜茶市场价格的迅速降低，导致农户不愿意再采摘茶叶。由于采茶是一个劳动密集型的工作，清明节后采茶相对于外出务工或是在城镇打零工收入要低很多，导致农户一般在清明节前进行采茶劳作，节后一般就不再进行采茶劳作，仅有少部分留守老人由于自身条件的限制，不能外出务工，而进行少量的采茶及茶园管理工作。

乡村征地方面，政府征地按照 2210 元/亩的价格进行生态补偿。村民之间的耕地承包流转一般价格为 350 元/亩，流转价格主要参照当地种植 1 亩烤烟的净收益进行确定。退耕还林中政府推荐种植茶树，但茶树对土壤具有一定的选择性，适宜在偏酸性土壤中生长，由于店子槽村土壤质地异质性较高，部分退耕还林种植茶树后，茶树很难成活或成活后长势很差。根据村民经验，在当地自然条件下繁缕草生长良好的土地适宜种植茶树，繁缕草地块茶树成活率高，生长好。

3. 问卷发放及数据收集

由于乡村农户外出务工人员较多，对店子槽村退耕还林还草等生态修复建设对农户生计发展影响的调查，主要采取对村干部访谈及对农户少量抽样填写调查问卷获得相应的资料。农户抽样调查问卷内容，主要包括农户家庭农业生产基本情况、非农经营基本情况、生态修复建设及其对农户生计发展影响等基本情况。

4. 生态修复建设对农户生计发展影响分析

店子槽村农户主要种植玉米、红薯等传统作物，经济作物主要种植政府推广的茶树以及新推广种植的油牡丹。由于缺乏牲畜饲养粮食，农户基本没有饲养牲畜。农户非农经营活动主要有本地建筑工(含就近打零工)、外出务工。其中，部分农户有从事其他非农生计的愿望，其原始资金主要来自外出务工收入的积累，大部分农户在未来生产和经营意愿中倾向于继续外出务工，以获得更高的收入。

农户对生态修复建设支持及了解程度方面，抽样调查农户中约 90%的农户对生态修复建设持支持态度，剩余约 10%的农户对生态修复持不关心态度，没有农户对生态修复持否定态度。在生态修复建设及对生态修复政策了解程度上，60%的农户对生态修复建设政策了解一些(包括熟悉的农户)，约 40%的农户了解不多，但没有出现农户不了解的现象(含只听说过)。分析认为，恩施市龙凤镇是湖北省生态修复建设重点乡镇，2015 年湖北省新一轮退耕还林还草现场推进会就在恩施市召开。同时，2012 年时任国务院副总理李克强曾前往恩施龙凤镇针对乡村扶贫及农户生计发展情况展开调研，相关工作会议的召开和政府的大力重视，使龙凤镇乡村农户对生态修复建设及政策较为了解，这也表明政府对生态修复建设的重视程度，对推动生态修复建设具有重要的促进作用。

生态修复建设及其对农户生计发展影响方面，店子槽村主要实行退耕还林及封山育林等生态修复建设。抽样农户对生态修复建设相关政策较为了解，并且对生态修复建设持支持态度，被抽样调查农户中 80%的农户认为生态修复建设对自身生计发展影响不大。但 60%的农户选择在生态修复建设结束后复垦土地，分析认为主要是由于被调查农户主要是留守农民，主要任务就是照看家庭，维持家庭基本农业生产活动，所以在一定程度上倾向于生态修复结束后复垦土地。

在生态补偿标准合理性方面，调研的绝大部分农户认为生态补偿标准偏低，分析认为店子槽村农户判断生态补偿标准的高低并不是按照自身退耕土地的实际生产净收入来计算，而是根据当前区域务工平均收入作为相应的参照标准。因此，大部分农户认为现有补偿标准偏低，认为在现有基础上至少需增加 1 倍比较合理，这反映了随着区域经济发展和农户收入的增长，农户对退耕还林等生态修复建设形成的经济收益的要求不断提高。

5. 退耕还林还草等生态修复建设中存在的问题及对策分析

退耕还林还草中经济作物物种选择存在不适应当地生态环境的问题。退耕还林中还草经济作物物种选择，尤其是退耕还林经济作物物种选择上，缺乏前期扎实的基础科学研究，在经济作物物种选择上过于随意，往往由政府来确定，对农户退耕还林积极性和退耕还林后经果林的经济、生态效益产生负面影响，并产生一定的资源浪费。例如，调研的店子槽村第一轮退耕还林除生态林建设外，政府大力推广种植经济林树种为核桃树，但由于核桃树不能适应当地气候，结果核桃还未成熟就腐烂掉了，导致农户主动将核桃树砍伐，对农户退耕还林积极性造成很大影响。核桃种植失败后，政府又大力推广茶树种植，但由于店子槽村海拔高差大，具有显著的温差，导致农作物种植分为明显的 3 个时间节点，部分茶树不适宜较低温度，生长缓慢，同时当地部分土壤不适宜茶树生长，易出现死亡或长势很差的情况。因此，经济作物物种选择不当不仅浪费宝贵的退耕还林资金，同时严重损害了农户主动参与生态修复建设的积极性。

退耕还林中经济作物经济效益估算不合理。农业经济是一个包括生产—流通—市场销售的完整产业链，而生态修复建设中经济作物的种植往往仅考虑了农业生产端，其收益计算一般以农产品产量乘以该产品的市场价简单计算得出经济效益，这显然没有考虑农产品在收获、运输、销售等环节中的相关成本，以及市场价格波动对农产品销售的影响，由于销售渠道不畅等原因，在丰收年份出现大量农产品不能及时销售造成积压，农户又缺乏相应储存及深加工手段，导致农产品往往烂掉或扔掉。国家虽在生态修复建设中考虑到了生态修复建设与农户生计长远发展的相互影响问题，但是在具体保障政策措施方面不到位。区域生态修复建设中经济作物的种植，应充分考虑作物种植、产品流通及销售问题，为退耕还林农户提供相应的保障措施，保障退耕还林农户收益，只有这样才能实现生态修复建设成果的巩固和农户生计转型发展的协调可持续性，才能使农户持续参与并积极维护生态修复建设成果。

3.2.7　喀斯特山区生态修复与农户生计转型发展——湖南省案例

1. 研究区域

沅陵县是 2000 年国务院确定的全国退耕还林还草等生态修复建设重点示范县，也是湖南省生态修复建设重点示范县。截至 2010 年，全县仅退耕还林就完成2.2 万公顷。调研选取湖南省沅陵县凉水井镇刘家坝村作为调查乡村，凉水井镇地形基本为中、低山丘陵区，森林资源丰富，刘家坝村属于喀斯特河谷平坝地区，乡村经济在沅陵县中较为发达。刘家坝村地处蓝溪(沅水的小支流之一)两岸，全村有 1400 余人，面积为 12.4 平方公里，其中山地约为 5000 亩，耕地约为 1500亩，村中成立有大棚蔬菜种植合作社及畜禽养殖专业合作社。

2. 问卷设计与数据收集

根据在贵州、云南、广西、重庆等喀斯特山区乡村调查的经验，乡村农户外出务工是普遍存在的问题，故在问卷中不再涉及农户外出务工的相关问题。该调查问卷主要包括三大部分，分别为受访农户基本情况(包括职业、年龄、受教育程度、健康状况等)及农户家庭生计基本情况(包括主要种植作物、经济作物、牲畜养殖等)及乡村生态修复建设基本情况(包括生态修复类型、农户对生态修复建设态度和生态修复对农户自身收入影响等认知基本情况)。刘家坝村属于喀斯特山地河谷地区，坡耕地相对喀斯特山区占比相对较小，与村干部访谈得知乡村农户外出务工人员较多，生态修复建设主要集中在乡村个别村组，故由村干部带队有重点地进行抽样调查获得相应的数据资料(主要对 9 户农户进行了深入调研)。

3. 抽样数据分析

(1)被调查农户自身及家庭生计基本情况分析。从抽样调查来看，被调查农户平均年龄为 57.7 岁，绝大部分农户身体健康状况良好，目前农户生计均以农业生产和外出务工为主。农户主要种植农作物为水稻、玉米及油菜等，经济作物主要为茶树(茶叶)，但种植面积不大。牲畜养殖方面主要养殖猪、鸡、鸭等。

被调查农户中 33.3%的农户长期从事非农生计，非农生计主要有货运、建筑工、养殖及捕鱼(主要在蓝溪捕鱼，多为年龄较大的老年农户)，农户从事非农经营的主要资金来源于家庭积累及亲友借贷。农户未来期望从事的主要生计类型为经营农家乐、扩大现有经果林生产及外出务工。

(2)生态修复建设与被调查农户生计发展分析。刘家坝村主要实施了退耕还林还草、植树造林、封山育林等生态修复建设。在农户对生态修复建设的态度上，调查中 88.9%的农户支持生态修复建设，11.1%的农户持不关心或无所谓的态度。

在对生态修复建设政策支持及了解程度上，被调查农户中 22.2%的农户对政府推进生态修复建设及相关政策了解一些，剩余 77.8%的农户对生态修复建设及相关政策了解较少，没有出现农户对生态修复建设政策一点都不了解的情况。

从受生态修复建设影响的农户耕地转化来看，耕地主要转化为生态林和经果林，分析认为国家在退耕还林等生态修复建设中明确限定了生态林的最低占比，故生态林面积占比较大。调研中发现，若没有国家政策限定，农户较倾向于可以产生较高经济收益的经果林建设。

生态修复建设对农户收入影响上，25%的被调查农户认为生态修复建设增加了自身收入，但通过访谈发现，农户收入的增长并不是直接来源于退耕还林等生态修复建设的生态补偿，而是由于耕地相对减少，在家闲暇时间增多，农户往往就近打零工等，直接导致农户收入的增加。剩余 75%的农户认为退耕还林等生态修复建设对家庭收入基本没有什么影响，并且种植经果林的农户认为经果林挂果进入丰产期之后，相比传统耕种单位面积耕地收入有所增加。

在生态补偿结束后是否复垦问题上，生态补偿结束后没有农户计划复垦，分析认为刘家坝村距离县城仅 10 公里，同时凉水井镇乡镇经济相对较发达，农户在生态修复建设放弃退耕土地寻求其他替代生计后，由于其收益远远高于复垦耕种带来的收益，因此农户不再计划复垦。但这也与退耕农户自身条件和退耕还林等生态修复建设造成的耕地损失数量有关。

在现有生态补偿标准是否合理问题上，62.5%的农户认为现有生态补偿合理，37.5%的农户认为生态补偿过低，应给予增加，在增加数量上农户并没有给出一个具体数值，认为由政府认定即可。这表明未来生态修复建设相关政策的制定要在充分调研的基础上制定，同时也表明农户在表达自身愿望上对政府缺乏一定信任。同时，调查中发现农户对外出务工中可能产生的问题关注程度要显著高于农业生产问题。此外，由于省道穿过刘家坝村，省道两侧乡村中小商店数量较多，农户从事非农生计的期望高，但由于自身资金、管理水平等方面的限制，单一农户无法开展相关非农经营活动。

4. 生态修复建设对农户生计发展影响的分析

刘家坝村地处蓝溪(河流名称)两岸，属于典型的喀斯特河谷区，由于生态修复建设主要涉及靠近山区丘陵的农户，生态修复建设面积占比较小，对农户生计影响不大，农户对生态修复建设的关注度相对不高。同时由于乡镇经济较发达，农户对乡村新的经济增长点关注程度高，对发展传统农业生产的积极性不高。整体上，生态修复建设对农户生计发展的影响很小，但生态修复建设的推进，使农户在思想上初步认识到生态环境的保护对乡村乃至区域可持续发展的重要作用，有利于农户未来生计转型发展中实现生态环境的保护。

在国家精准扶贫大背景下，刘家坝村可以依托自身资源优势，发展特色农业及乡村旅游，从而提高乡村农户生计多样化和收入多样化，并进一步提高农户收入水平。从自然资源禀赋来看，流经乡村的蓝溪水质良好，并且水量较大，同时，蓝溪沿岸的自然河谷风光秀丽，可沿河开发生态庄园。结合刘家坝村距离县城较近，同时省道穿过的交通优势，可在适宜河段修筑一定高度的漫流拦水坝，人工形成一定面积的河道型水库，发展特色鱼类养殖及自然垂钓，结合河边生态庄园发展集娱乐休闲、耕作体验、住宿等一体的综合性农家乐庄园，既可以吸收当地剩余劳动力就业，又可以充分利用当地大棚蔬菜种植合作社及畜禽养殖专业合作社的现有基础，以及丰富的森林资源，促进乡村经济多元化发展。

3.3　西南喀斯特地区生态修复与农户生计转型发展共性问题

3.3.1　生态修复与农户生计转型发展存在的问题分析

西南喀斯特地区是我国典型生态脆弱区，同时也是经济社会发展相对落后乡村的集中地区，脆弱生态环境与乡村落后经济社会发展相叠加，区域生态修复建设、经济社会发展及农户生计转型发展都是一个长期的任务与过程。而生态修复工程建设及生态补偿等则是一个相对短期的行为，因此现有生态修复工程建设、生态补偿及农户生计转型发展之间存在一定的矛盾。

现有生态修复建设中主要存在以下问题。

(1)生态修复工程建设周期较短，缺乏长周期发展规划。生态补偿由于资金限制等原因，生态补偿时间较短且生态补偿标准较低，整体上来讲生态修复建设、生态补偿属于一个短期行为，与生态环境恢复和农户生计转型发展的长期过程存在错配。生态修复建设主要依托项目建设开展，存在"运动式"建设特征，生态修复项目建设完成后生态修复建设也随之完成，缺乏后续管理支持措施。因此，需要进一步根据生态环境恢复及农户生计转型发展的长期性，制定相应的长周期发展规划，维持生态修复建设与管理的长效性，防止生态修复建设因生态修复建设项目的完成而半途而废。

(2)生态修复建设配套资金、支持保障措施不完善。现有生态修复建设资金主要来源于国家直接财政资金及地方政府配套资金，缺少其他社会资本的加入。与生态修复建设及农户生计转型发展相关的畜牧业、经果林等产业发展，相关的饲料、化肥、养殖、栽培技术，以及农产品运输流通、消费、储藏加工等环节都没有相应的配套措施，而现有措施主要针对农产品生产环节，明显地割裂了农产品产业发展"生产—流通—消费"完整的经济过程链，使农户获得的实际收益要远低于根据生产环节(农产品产量和市场价格估算)的估算收益，这一点在前面内容中已进行了分析，在此不再赘述。

(3)现阶段生态修复治理模式单一，后续管理不完善，缺乏科技支撑。现阶段西南喀斯特地区生态修复建设主要为退耕还林还草、土地石漠化综合治理、封山育林、植树造林等，生态修复模式过于单一，治理模式发展完善缓慢。同时，生态修复建设过程中也缺乏相应的过程管理，以及生态修复治理建设缺乏后续管理，生态修复结束后一般处于无人管理状态。

在生态修复建设与农户生计转型发展方面，虽然在生态修复建设框架中包含了促进农户生计转型发展的相关内容，但在生态修复建设实践中，尤其是退耕还林还草中明确划定了生态林的占比，剩余的经果林等建设空间相对有限，生态修复侧重植被恢复。同时，在生态修复建设中对农户生计转型发展的重视程度不够，过于重视农产品生产端建设，忽视了农产品流通过程、市场销售端建设，以及农产品在流通过程、市场销售环节的成本核算。因此，生态修复建设中农产品等按生产端产量计算，农户一般可以获得较高的收益，但实际过程中农户往往主动放弃了相应农产品的生产，因为农户作为一个经济社会活动单元，其收益是在完成产品的生产—流通—销售等所有环节后的最终收益，而在完成农产品整个生产—流通—销售环节后没有足够的最终收益来维持农户的持续收益，导致在生态补偿结束后，基于生态修复建设形成的农户生计模式基本上难以维持，这个问题在实际调研中也得到很好的验证。分析认为，这主要是由于生态修复建设投入相对不足、缺乏长远规划，并且对农户生计转型发展考虑不足造成的，农户替代性生计内生发展持续能力不足，过于依赖外部投入，未来应进一步加强多方位多层次的投入，全面考虑农产品生产—流通—销售等环节的农户替代性生计模式建设，并针对农产品流通、销售环节强化保障支持措施，帮助农户实现持续增收，从而推动农户生计转型发展。

此外，现有生态修复建设多基于实际经验开展，缺乏坚实的科学研究支持，导致生态修复建设缺乏长效可持续发展的基础。

3.3.2　生态修复中的关键科学问题分析

生态修复建设中的关键科学问题有：生态修复植物物种生态适应性研究、生态修复治理物种选择及治理过程中植被演替规律研究，以及不同生态修复模式综合效益评价与适用性研究等方面。

1. 生态修复植物物种生态适应性研究

(1)生态修复植物物种对干旱胁迫的适应性研究。西南喀斯特地区虽降水丰富，但强烈的喀斯特作用形成的地表地下"二元三维"多层空间储水结构，导致地表水漏失严重，加之土壤层浅薄，土壤持水能力差，西南喀斯特地区易成为一个极易发生干旱(临时性干旱)的脆弱环境。干旱胁迫能引起植物水分亏缺，延缓、停止或破坏植物的正常生长，是影响植物生长发育的重要因素[3, 179]，也是西南喀斯特地区土地石漠化综合治理物种选择主要的考虑因素之一。因此，针对西南喀斯特地区植物物种对干旱胁迫的适应性研究相对较多，涉及植物种子萌发[180]、树种生长及生物量[181]、不同植物种组的水分平衡关系[182]、植物干旱复水后光合作用恢复能力[183]、不同品种植物光合作用、蒸腾作用差异及其影响因素[184, 185]等方面。刘锦春等对西南喀斯特土地石漠化综合治理物种柏木的"干旱–复水"环境适应研究表明，轻度胁迫能够提高柏木幼苗可溶性蛋白含量，抵抗水分胁迫，且具有很强的自我修复能力，但严重干旱会使其细胞膜结构严重受损，无法完成自我修复，造成植物死亡[186]。张中锋等对青冈栎在不同干旱程度胁迫下的模拟研究表明，土壤干旱胁迫能显著降低青冈栎地径和枝条生长量，但在岩溶层有水的条件下，地径生长量不受土壤干旱胁迫影响[187]。刘长成等研究表明，不同生活型植物对干旱的适应策略也存在差异，如火棘、小果蔷薇和猴樟幼苗主要采用耐旱策略，而圆果化香树幼苗对干旱胁迫更为敏感，主要采取避旱策略[188]。总体上，西南喀斯特植被系统中优势植物种主要通过形态结构和生理过程两方面的改变来适应干旱环境。西南喀斯特地区优势植物种较普遍地表现出较大的根冠比和较强的根系吸水能力，而叶片普遍具有较厚的角质层或蜡质层和发达的表皮毛，有利于减少蒸腾作用中水分的散失[189]，以适应干旱等恶劣生存环境。西南喀斯特地区优势植物种对干旱恶劣环境一般具有自适应调控能力，可随土层厚度、土壤含水量降低和光照强度的增强而提高其水分利用效率[190]。一般情况下，西南喀斯特地区优势植物种叶片中碳酸酐酶相对于普通植物种具有更高的活性，并出现"光合午休"现象，是喀斯特优势植物种适应干旱胁迫的重要调控机制。植物的抗干旱能力是一种综合性状，是植物各项生态特性的综合反映，并且在植物不同生长发育阶段对干旱的适应策略和耐旱性有所不同，需要结合不同生境的具体环境特性，如土壤厚度、土壤质地、岩隙发育程度、表层岩溶带发育程度和水利基础设施等因素进行综合考虑选择。耐旱只是确定治理植物物种选择的一个重要因素，此外还要综合考虑植物物种的净光合速率、蒸腾速率、水分利用效率等多方面生态特征，以及生态修复治理物种的经济效益。

(2)生态修复植物对土壤质量影响研究。土壤养分是西南喀斯特植被系统恢复的关键生态因素之一[191]。西南喀斯特地区富钙、镁偏碱性的土壤环境赋予了西南喀斯特植物普遍的石生、旱生和喜钙特性，而西南喀斯特地区的土壤因对母岩化学性质的继承，Ca^{2+}含量普遍较高，且土壤含水量较低，导致土壤中有效态磷含量较低[192]，土壤营养元素不足造成植被生长缓慢，生物量低，是导致植被遭破坏后极难恢复的重要原因。欧芷阳等研究表明，西南喀斯特地区土壤养分对植物群落空间格局的解释能力最高为32.82%，比地形因子解释能力高10.28%[193]，表明土壤养分对植物群落的分布格局具有重要影响。不同生态修复治理模式对土壤理化性质的影响存在显著差异。秦华军等研究表明，西南喀斯特地区土壤渗透性受植被类型影响显著，土壤渗透性从麻竹林下种菌模式、黄葛树林下种草模式、麻竹林下养禽模式、桉树林下种菌模式依次降低[194]。天然林中土壤有机碳，在植被由草丛、灌木林、乔木林的正向演替过程中土壤有机碳含量显著增加[195]。西南喀斯特地区天然混交林改造为山核桃纯林并经较长时间高强度经营后，林地土壤有机碳、微生物生物量碳、水溶性有机碳含量显著下降[196]。天然灌木林改造成板栗林并长期集约化经营后，土壤活性碳库、氮库含量均出现显著下降[197]。与之对应的人工生态林下的土壤质量变化则相反，单纯的人工生态林（退耕还林林地）土壤质量出现明显改善，优于未造林地土壤[198]，如广西喀斯特地区种植桉树生态林并未造成土壤结构的破坏和土壤养分含量的显著降低[199]。分析认为，西南喀斯特地区人工林建设破坏了土壤生物小循环过程的物质平衡，土壤生物小循环过程与植被种植经营年限、植物凋谢物和土壤养分之间的物质循环有关，人工生态经果林经高强度经营后造成土壤植物生物小循环过程的失衡，从而导致土壤质量的下降。一般情况下土壤质量、土壤碳含量随植被退化而下降或丢失[200]。在贵州省典型土地石漠化区的研究表明，从潜在土地石漠化阶段发展到极重度土地石漠化过程中，土壤物理化学性质存在一个先退化后改善的一般过程[201]。因此，确定不同程度土地石漠化背景下土壤质量与生态修复治理植物物种间的相互影响，对提高土地石漠化综合治理成效具有重要作用。

（3）生态修复植物小生境异质性研究。西南喀斯特地区山地丘陵区地形崎岖破碎、立地条件复杂多样，植物生境空间异质性高。复杂多样的小生境对土壤的地球化学背景影响较大。廖洪凯等研究表明，喀斯特小生境微地貌是驱动土壤有机碳含量及空间变异性的重要因素[195]。廖洪凯等研究表明喀斯特小生境开放程度和植物覆被类型是影响土壤碳、氮含量及空间变化的主要因素[202]。不同喀斯特小生境对动植物的生长具有重要影响，叶岳等研究表明，西南喀斯特地区土地石漠化小生境（土面、石槽、石沟）对土壤动物的生物量有显著的影响，石沟生境比较有利于土壤动物生存[203]。刘玉杰等在人类干扰极少的贵州茂兰自然保护区内不同原生植被（原生林、次生林、灌木林）下，对小生境土壤微生物的研究表明，喀斯特石沟土壤的多项微生物活性指标基本都优于土面[200]。邓晓琪等研究表明，对喀斯特小生境主要植物植株密度而言，植物对小生境的利用率总体表现为石缝＞土面＞石面＞石沟[204]。现有研究表明，西南喀斯特地区适宜的小生境可为生态修复治理植物物种提供优良的生长环境，提高其经济生态效益。曹建华等在广西弄拉的研究表明，生长在石缝中的金银花比生长在洼地耕地田坎上的金银花平均收益年限长 10 年以上[205]。廖洪凯等对贵州关岭花江干热河谷花椒经济林生态系统下的喀斯特小生境进行研究后表明，沟坑型生境具有更良好的生态有效性及农业利用价值[206]。西南喀斯特地区喀斯特生境相对开放的石坑、石沟等小生境土壤有机碳及全氮的含量普遍高于相对封闭状态的石槽、石洞和石缝。因此，西南喀斯特地区农业生产过程中，应强调合理利用土地资源及适度开发，尤其在土壤流失严重的坡地植被恢复中要高度重视利用喀斯特石沟、石缝等小生境的优越微环境，提高生态修复治理效率。

(4)地貌地形坡向等对植物多样性及空间格局的影响研究。水热条件是西南喀斯特地区植被系统的关键限制性生态因子[191, 207]。不同地形地貌、坡向、水热条件及其匹配度、土层厚度等方面的差异直接影响西南喀斯特地区植被多样性及空间分布格局。在相同气候背景下，喀斯特表层岩溶带含水层的发育主要受地形和岩性控制[208, 209]，一般山体低凹处发育较好(图 3-4)。西南喀斯特地区喀斯特表层岩溶带含水层主要由裂隙、孔隙和溶沟等含水空隙构成[210]，埋藏较浅，是喀斯特植被恢复和植被利用极小土壤斑块生长于石质裸岩的关键(图 3-5)。欧芷阳等研究表明，地形对植物群落空间格局的解释能力为 22.54%，仅低于土壤养分(32.82%)[193]。袁铁象等对桂西南喀斯特山地森林植物多样性与地形关系研究结果表明，海拔、坡向对地表植物多样性具有显著的影响，其中坡度对草本、藤本和灌木的分布格局影响显著[211]。一般条件下，西南喀斯特地区喀斯特地貌地形条件、生境开放程度等均对土壤分布、土壤养分含量和土壤水分造成不同程度的影响，并通过"作用—响应"过程从生理和进化两方面主动对植物物种进行自适性选择，从而形成植物的适应性和环境的适生性。张伟等在广西环江毛南族自治县对峰丛洼地坡面土壤养分空间差异的分析表明，坡地土壤的有机碳、全氮、全磷、全钾、碱解氮和速效钾等土壤养分状况好于洼地[212]。这也表明地貌地形及其造成的土壤斑块、养分、水分的空间异质性为喀斯特植物生长提供了多样化的环境，从而影响到植被群落的空间分布和物种结构组成，提高了植被系统的多样性与稳定性，这种生态位的异质分化对土地石漠化综合治理等生态修复建设中治理植物物种的选择，以及提高生态修复治理的生态效益均具有重要的促进作用。

图 3-4　贵州省普定县梭筛村荒山凹处植被景观(拍摄：张军以)

图 3-5　贵州省普定县阿宝塘讲义村石生植被(拍摄：张军以)

2. 生态修复治理物种选择及治理过程中植被演替规律研究

2010 年国务院印发《全国主体功能区规划》，首次明确了西南喀斯特地区土地石漠化区(《全国主体功能区规划》中名称为桂黔滇喀斯特土地石漠化防治生态功能区)的主体生态功能是水土保持和生物多样性维护，属于"限制"开发区域，在经济社会发展过程中，要优先保障西南喀斯特地区主体生态功能的实现。因此，对退耕还林还草、土地石漠化综合治理等生态修复工程建设及其相关基础研究提出了新的要求。

1)加强西南喀斯特地区生态修复治理特色物种选育研究

目前，西南喀斯特地区退耕还林还草、土地石漠化综合治理等生态修复建设已开展较长时间，取得了一定成效，不同地区也涌现了多种多样成效显著的治理模式、优秀治理植物物种。但整体上，生态修复建设中治理植物物种的选择搭配主要依据主观经验，不同治理植物物种组合在治理成效方面也存在差异。在部分非喀斯特地区也开展了类似研究，如在黄土高原植被恢复(造林种草)建设并未取得较理想结果，认为其主要原因是树种选择、造林密度与造林方法等不恰当使用造成的[213]。类似的问题也存在于西南喀斯特生态修复建设过程中，在生态修复植物选择、造林密度及造林方法、植被恢复过程促育管理等方面的基础研究支持相对不足，尤其是既有效适应区域生态环境又具有较高经济价值的生态修复物种的选育。

2)西南喀斯特地区生态修复治理不同植物物种及组合对生境适应性研究

西南喀斯特地区不同地貌类型区不同岩性条件下，植被的演替过程和其中的优势种群组成存在差异。构建合理的退耕还林还草、土地石漠化综合治理等治理植物物种组合关系，可使生态退化治理物种更好地适应与利用生境，提高生态环境退化的治理成效，如枫香、马尾松喜光，柏木幼龄喜阴，三种树种互补有利于林木生长和林分稳定。张信宝等研究指出，喀斯特不同环境退化治理植物物种对喀斯特生境的适应性不同，对土壤水分、养分具有不同的适应性，并且喀斯特土壤总量不足、矿质养分不足，对土地石漠化等退化环境恢复造成重要影响[214]。西南喀斯特地区人工经果林经较长时间经营管理后，林下土壤系统养分盈亏与经济作物退化的相互作用机制尚不明确，两者相互作用机制是制定科学合理的人工管理、施肥等促育措施的科学基础。目前该方面的研究成果还较少，并且缺乏横向的对比研究，未来应通过开展系统的实证对比研究和种植对比试验，确定西南喀斯特地区不同地形地貌（生境）区、不同程度土地石漠化等生态环境退化背景下，喀斯特生境对生态修复植物物种生长发育的作用机制及植物的适应性，为西南喀斯特地区生态修复建设中修复植物物种的选育等提供科学支持与参考。

3）西南喀斯特地区生态修复治理过程中植被演替规律研究

喀斯特小生境的高度异质性，以及受土壤厚度、水分、养分等因素的限制，土地石漠化等治理修复中植被恢复应遵循植被演替一般规律。喻理飞等研究表明，西南喀斯特植被恢复过程中存在种组替代规律，一般演替顺序为先锋种、次先锋种、过渡种、次顶极种和顶极种依次替代[215]。现有西南喀斯特地区土地石漠化治理等生态修复中对植被恢复演替规律的研究重视不足，直接表现为土地石漠化等修复治理植物物种较为单一，对土地石漠化等修复治理中对先锋物种的重视不足并且应用较少，如藤本、草本植物等先锋物种。曹坤芳等研究表明，藤本植物等先锋物种根系更深，旱季更能利用深层的地下水和缝隙水[216]。先锋物种可为次先锋种提供更好的生长环境条件，因此不同程度退化环境应采用不同的治理物种组合，根据不同地区小尺度岩性、土壤理化性质、表层岩溶带含水层发育状况的组合，选取多样化多组合的修复治理物种。

在西南喀斯特地区的相关研究表明，生态环境退化区土壤环境的变化与其植被群落的演替过程具有直接联系。一般情况下，土壤环境的改善一般伴随着植被群落的正向演替，反之土壤环境的退化一般伴随着植被群落的逆向演替[201]。因此，西南喀斯特地区生态修复建设中应遵循植被群落演替的一般规律，探讨土地石漠化治理等生态修复治理植物物种的合理种植顺序及结构组合，在不同恢复阶段适时进行草灌等不同类型植物增补，合理搭配物种，提高植被群落的稳定性。同时，加强土地石漠化综合治理、退耕还林还草等生态修复工程建设过程中植被群落稳定性的主要影响因素及其作用机制研究，寻求实现生态环境治理修复过程中植被群落稳定性、多样性的有效管护路径与模式。

3. 不同生态修复模式综合效益评价与适用性研究

西南喀斯特地区现有以土地石漠化综合治理等为代表的生态修复工程或模式综合效益监测评估主要集中在生态修复中植被覆盖恢复的时空变化格局[217]、不同生态修复模式遏制水土流失与土壤侵蚀的机制与成效[163]、土壤系统理化性质改善[218]等方面，并且土地石漠化综合治理植被恢复的生态环境效应研究主要以综合定性研究居多。关于土地石漠化综合治理等生态修复模式的生态环境恢复目标，生态修复效应驱动力、变化机制、主导影响因素等相关研究成果还较少，且研究案例分散。未来该方面的研究有赖于结合恢复生态学等多学科相关理论，结合国家关于西南喀斯特土地石漠化区的主体生态功能定位，从水土保持和生物多样性维持的区域主体生态功能出发，兼顾土地石漠化综合治理等生态修复工程或模式的经济效益，构建土地石漠化综合治理等生态修复工程或模式的生态修复综合效应评价框架、指标体系等。

对于土地石漠化综合治理等生态修复工程或模式生态环境恢复目标的确定，可参照未经人类干扰或较少干扰状态下的自然植被生态系统的详细生态调查确定，并对不同阶段土地石漠化综合治理等生态修复工程或模式的生态修复过程进行动态跟踪评价，如生态修复治理恢复前、初期、中期、末期，以及生态修复治理恢复过程的动态监测和生态修复治理恢复结束后效应评价等，可对不同阶段土地石漠化综合治理等生态修复工程或模式治理成效的管理维护措施进行评估，有助于及时调整管理维护措施，提高土地石漠化综合治理等生态修复工程或模式生态修复成效的持续稳定。同时，应进一步加强对不同程度土地石漠化综合治理等生态修复工程或模式的适应性研究(包括尺度适用性)，如小尺度生境条件下生态修复治理模式中关键物种在大尺度生境条件下的适应性研究等；生态修复工程或模式的综合成效(生态服务功能、生态效益、经济效益、社会效益等)监测评估以及评价指标体系研究等。

3.3.3 生态修复区农户生计策略选择理论分析

现阶段学界并没有明确的对农户概念的界定。联合国粮食及农业组织将农户定义为"一个在单一管理模式下的农业生产经济单位，包括所有家畜和全部或部分用于农业生产的土地，无论土地的权属、法律形式或规模如何"[219]。卜范达等认为农户是指生活在乡村，主要依靠家庭劳动力从事农业生产，并且家庭拥有剩余控制权的、经济生活和家庭关系结合紧密的多功能社会经济组织单位[220]；李小建则将农户定义为：乡村居民以家庭契约关系为基础组织起来的社会经济组织[221]。

以上对农户的典型定义涵盖了农户的社会属性和经济属性两方面。因此，本书将农户简单定义为直接或间接以农业或其关联产业为主要生计模式的乡村发展主体。此外，本书关于农户的研究分析中侧重农户的经济属性特征，并结合舒尔茨和黄宗智对农户的界定[222]，认为现阶段(进入 21 世纪后)农户在生计活动中的生产行为准则是：在维持基本生存安全的前提下，农户是追求生产活动(包括农业生产活动与非农业生产活动)利润最大化的理性经济人，可以将农户生产行为视为是完全理性的。

农户对生态环境的主要作用方式是通过自身的农业生产活动等实现的，同时生态环境、经济社会环境的发展改变也反作用于农户的农业生产等活动。西南喀斯特地区土地石漠化等环境退化问题已严重影响了乡村农业生产，严重阻碍了乡村经济社会发展，农户已意识到生态环境的退化成为限制农业生产的重要因素。这也间接表明农户已具有治理生态环境退化的初始动机，在经济理性准则下农户是否采取治理行动取决于农户净收益与参与治理机会成本的对比。基于个人利益最大化原则，如果某一农户破坏了生态环境而不采取治理行动，生态环境退化问题由别人治理，自己同样获得收益而无须付出相应的成本，显然该农户不会采取治理行动。同样，若某一农户破坏环境能获得短期收益，而产生的成本损失由全体农户承担，该农户短期内就不会采取治理行动，最终出现个人理性而集体结果不作为，导致环境持续恶化，即出现了个人的理性策略导致集体非理性结局的悖论。农户作为乡村的"细胞"，是乡村经济社会活动微观行为主体，农户行为决策对乡村生态环境演变具有重要的影响作用。

现有土地石漠化综合治理等生态修复工程建设主要由政府进行投入，且生态修复治理效益存在延迟性，而农户的首要需求是短时间内提高自身的经济收益，生态修复建设与农户收入诉求在时间维度上就存在矛盾。此外，封山育林、退耕还林还草、土地石漠化综合治理等生态修复工程建设导致农户耕地等部分生产资料的损失，对农户生计转型发展造成一定负面影响。而生态补偿不能有效弥补农户损失，未能从根本上消除农户破坏生态环境的驱动因素。所以西南喀斯特地区目前依赖外部持续投入的退耕还林还草、土地石漠化综合治理等生态修复建设工程成效的长期可持续性存在较高的不确定性。

实际调查中也发现，生态修复建设区农户普遍存在将农业生产资源和劳动力投入市场化的趋势，即将农业生产资源和劳动力作为资本来对待，考虑其在市场中的平均收益率，并有意识地将自身有限的生产资源和劳动力投入到具有更高收益的非农生产领域，具体表现为：①农户农业生产产出以家庭自用为主，农户会主动减少对市场流通的依赖；②农户农业生产以低货币投入方式运行，如以农家肥代替化肥、自身劳动代替部分农机的使用，在维持农业产量稳定的前提下尽可能减少对农业的外部投入；③乡村大量优质劳动力外流，部分耕地出现撂荒、弃耕等，土地流转现象突出。总体上，农户农业生产与市场的联系不断减弱，也表明农户认为现有农业生产收益不高，且存在较大市场风险。现有经济社会发展环境下，农户生产行为的出发点主要基于自身经济收益最大化，并尽可能降低农业生产中的风险，而目前土地石漠化综合治理等生态修复建设带来的直接收益（主要是生态补偿）远低于农户的预期收益，加之现有农业生产活动具有较高的社会贴现率，导致环境资源损耗严重。土地石漠化综合治理等生态修复工程建设必须优先考虑农户的经济收益，并降低农户生产投入的市场风险。因此，需通过对现有生态修复治理模式的创新，以满足农户对经济收益的需求，从根本上消除农户破坏环境的初始动机，实现土地石漠化综合治理等生态修复工程成效持续良性改善与农户生计转型发展的协同可持续性，从而达到生态环境恢复与农户生计转型发展的双赢目标。

3.3.4 生态修复区农户生计多样化分析

目前，西南喀斯特地区农户生计以农业生产及外出务工为主，相对单一的生计造成了农户对环境资源，尤其是水、土资源的依赖性较强。提高农户生计多样化、非农化水平有利于降低农户对生态环境资源的依赖，减少对生态环境干扰，从而有利于生态环境恢复，并降低单一风险因素对农户生计安全的影响，提高农户生计安全水平。农户生计多样化、非农化的实现是一个综合且复杂的经济社会问题，需要多方面的综合支持才能实现。政府层面应在引导区域进行产业调整、提高经济发展水平的同时，提高经济多元化，如发展乡村旅游、现代生态农业、有机农产品等，为多样化的农户提供差异化就业机会，促进农户生计转型发展。王燕等研究表明，近年来西南喀斯特地区乡村旅游的迅速发展取得了良好的生态与经济生态效益，有效促进了农户生计转型发展[223]。

因此，西南喀斯特地区可凭借自身优良的自然生态环境和丰富多样的人文资源发展以观光旅游、乡村康养、农家乐等为主体的乡村休闲旅游，推进耕地利用与乡村发展的多功能、多价值转型，推动拓展农业与乡村发展的多功能边界，加速乡村人口、土地、资金等生产要素配置及其有效性，推动乡村新产业、新业态和新模式的出现与发展，提高乡村农业经营业态、经营方式、乡村新产业、乡村发展路径、模式的多样化，为农户生计转型发展提供更多元化、差异化的发展路径及模式，提高农户生计多样性水平，减少农户生计转型发展对环境资源的压力，实现生态环境修复与农户生计转型的协调可持续发展。

3.3.5 生态修复区农户生计非农化分析

近年来西南喀斯特地区乡村青壮年劳动力外流务工趋势更加明显，导致乡村农业生产劳动力相对不足。李秀彬研究表明，乡村部分农户将耕地撂荒、流转或由老人、妇女耕种造成农业耕作的粗放化。农业耕作的粗放化及弃耕、撂荒等有利于生态环境的恢复[224]。虽然乡村劳动力的外流务工可增加农户收入，但由于中国特殊的城乡二元发展结构的限制，乡村劳动力外出进入城市务工一般为暂时性的迁移，随着年龄或家庭状况的变化，外流劳动力往往出现一定的回流，并再次从事农业生产等生计，可能对环境再次造成破坏。因此，在提高农户生计非农化方面,不能仅仅依靠乡村劳动力外流来实现农户生计的非农化,更要立足于区域自然环境和社会经济特点,充分利用国家西部大开发、支援西南喀斯特地区发展的倾斜政策,发展区域特色经济。例如,云南省喀斯特地区通过引种经济作物咖啡,取得了良好的生态及经济效益,亩均收入可达 8000 元。云南已成为中国最重要的咖啡豆产区,并获得了雀巢咖啡等跨国企业认证成为其重要的咖啡原料供应区,表现出良好的发展势头和发展后劲。贵州省喀斯特地区利用丰富的地方小气候发展特色经济作物种植也取得了良好的生态、经济效益,如安顺市关岭布依族苗族自治县花江(花江为地名)干热大峡谷(峡谷为珠江流域西江上源红水河支流北盘江的干热河谷)等地区具有特殊的自然气候资源,通过引种适宜地方小气候与土壤质地的高附加值经济作物(主要种植火龙果),提高了乡村经济与农户生计多样化发展水平,从而提升了农户生计非农化的多样性和稳定性。

此外,乡村劳动力外流引起的耕地粗放化经营易造成乡村水、土资源利用效率降低,因此可引导乡村外出务工农户将其土地流转或入股农民专业合作社进行适度规模化经营,农户按土地面积入股获得相应收益,以农民专业合作社的组织形式有利于解决农户在农业生产中,诸如农田水利基础设施建设、管理技术、农产品销售等环节投入不足的限制,从而提高水、土资源利用效率,并可根据实际条件适当发展特色农副产品初加工等,培育乡村经济新增长点,促进乡村转型发展与农户生计非农化转型发展。

3.4 提高生态修复效率及促进农户生计转型发展策略分析

西南喀斯特地区经济社会发展落后,以往土地石漠化综合治理等生态修复建设更侧重治理模式的生态效益与经济效益,这有利于提高农户参与积极性,与当时区域经济社会发展环境和国家发展政策环境是相适应的。但随着近年来西南喀斯特地区乡村剩余劳动力大规模外流和国家宏观整体发展战略的调整,西南喀斯特地区的发展定位发生了较大变化,如 2010 年国务院印发了《全国主体功能区规划》,明确界定了国家主体生态功能区,将西南喀斯特土地石漠化区定位为以水土保持和生物多样性维护为主体生态功能的"限制性"开发区域,限制大规模工业化和城镇化开发活动。同时,国家加大了对西南喀斯特地区植被退化、土地石漠化等生态环境退化问题治理的国家财政转移支付力度和生态补偿投入,并且随着国家宏观经济与区域经济发展,乡村农户生计转型发展对耕地等环境资源的依赖性逐渐下降。

为实现共同富裕,促进城乡融合发展,2017 年党的十九大提出实施乡村振兴战略,乡村振兴成为新时代国家"三农"工作的总抓手。因此,在此新背景下,西南喀斯特地区以土地石漠化综合治理为代表的生态修复建设应转向以生态效益与经济效益并重，适当突出生态效益的发展新方向，应进一步加强生态修复建设的生态效应，尤其是水土保持和生物多样性生态功能，维护区域主体生态功能的保值增值。在重视西南喀斯特地区生态修复治理植物选择与生态修复治理植物生态适应性基础研究的同时，建议从以下几个主要方面入手，降低区域人类活动对生态环境的压力，缓解人地关系矛盾。

（1）加强完善跨流域或区域生态补偿机制建设，尝试建立生态系统服务价值化实现新路径，提高生态补偿标准与生态补偿期限，从根本上消除农户破坏生态环境的动机。从农户生计转型发展的角度，在农户收益导向背景下的生态修复建设，农户能获得持续收益，是农户积极参与生态修复的根本动力。农户生计转型发展的长期性与阶段性生态补偿存在矛盾，因此生态修复建设成功的关键就在于，在现有资源及市场环境下，如何实现参与农户收益的可持续性增长，虽然政府在农户生计非农化、多样化方面的建设持续降低了生态修复对农户生计转型发展的负面影响和农户复垦概率，但并未从根本上解决生态修复自身的持续性收益问题，该问题的本质及如何解决是巩固维持生态修复成果的关键。国家主体功能区规划确定了西南岩溶石漠化防治区水土保持与生物多样性维护的生态服务功能定位，明确了区域生态服务功能保育、保值增值和社会经济发展的相对优先权，将促进区域石漠化综合治理的新发展，尤其是生态功能优先下的石漠化综合治理生态补偿问题（图 3-6）。充分体现生态服务的价值化，通过建设跨流域/区域生态补偿机制，实现生态服务持续高消费地区（经济发达地区）的生态补偿输入，实现生态补偿的持续长期性，最终实现生态系统服务功能的保值增值和农户生计转型可持续发展，完成生态恢复和推动农户生计升级转型的双赢目标。

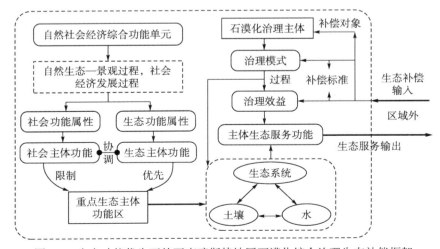

图 3-6　生态功能优先下的西南喀斯特地区石漠化综合治理生态补偿框架

(2)加速乡村人口城镇化转移,实施新型山地特色城镇化建设。西南喀斯特地区主体生态功能的确定也要求要加速推进乡村人口城镇化转移和农户替代性生计建设。西南喀斯特地区城乡融合发展应以城镇化为核心,以大城市、小城市、小城镇、重点镇及中心村等多层次多规模等级城市建设为主。西南喀斯特地区农村人口占比大,耕地资源缺乏,受自然环境的限制,城乡服务均等化建设面临巨大的资源投入压力,建设成本高,且资源使用效率低,如学校、医院等公共设施的服务半径受地域空间限制相对较大,相较于实现城乡服务均等化,应根据西南喀斯特地区生态环境承载力较低与基础设施建设成本高的问题,统筹谋划建设发展大中型城市、小型城市、小城镇、重点镇及中心村,在提高城镇化率的基础上实现乡村振兴就成为更有效的发展路径。在城镇化建设中,根据区域资源环境条件因地制宜、依山就势地进行"城镇化上山"建设,走山地特色新型城镇化之路,坚决杜绝粗放式城镇建设对耕地资源的浪费。例如,以国家重点开发区黔中和滇中地区的发展为契机,加速乡村劳动力的城镇化转移。西南喀斯特地区应进一步完善区域城乡城镇发展体系,在提高城镇化率、减少乡村人口及乡村数量的基础上,通过城镇化建设的辐射带动,实现城乡经济融合发展和乡村振兴。

(3)促进生态修复建设区农户生计多样性、农户替代性生计建设及发展,培育乡村经济替代产业发展,从而提高农户生计多样化程度,降低农户生计对自然环境资源的依赖,从而实现西南喀斯特土地石漠化区经济社会与生态环境的协调可持续发展。以新型山地特色城镇体系建设和农业现代化转型建设为核心,促进乡村经济与城市经济的深度融合,形成乡村振兴的"内源"驱动发展机制。加强生态修复建设的基础科学研究。加强石漠化综合治理特色经济物种选育及治理模式关键技术研究。石漠化综合治理要进一步强化治理植物物种的选育,并兼顾治理物种的生态和经济效益。石漠化治理的先锋植物、适生经果林品种的筛选,营林技术(如关键种群的确定及其在石漠化治理植被恢复过程中的贡献),石漠化耐瘠耐旱环境下植物适应胁迫的机理、过程,特色经果林(含中药材种植)的栽培种植及品质稳定技术研究,生态修复物种生境适应机理研究,不同地域不同生态修复模式中特色适生修复物种的选择研究,生态修复物种对干旱、小生境、土壤等不同生境的适应性,生态修复中植被演替规律及植被群落稳定性相关影响因素及其作用规律等基础问题研究还不够完善,并且在生态修复技术及模式方面缺乏明确的理论支持,尤其是生态修复后效评价标准和评价指标体系研究,应在兼顾治理经济效益的同时,尽可能地提高治理的生态效益。

(4)实施山地特色农业纵向、横向延伸产业化建设,推动农业现代化转型。实现乡村产业发展是乡村振兴及乡村可持续发展的关键。西南喀斯特地区自然生态资源、人文资源丰富多样,可基于区域特色农业资源发展高附加值特色农业、特色农产品及特色农产品加工等特色产业,通过特色经果林、地道中药材、反季节精品果蔬、生态畜禽产品等种养加，实现农产品产供销纵向产业化，实现特色农业产业的纵向延伸，延长产业链，并结合农产品电商销售等进入城市市场，将农业利润留住。同时，通过组建农民专业合作社等形式实施农业专业化管理，以建设适应社会化大生产的农业生产销售综合体。以农业生产、乡村环境、乡村文化为核心，发展、培育建设以乡村休闲观光旅游、农事体验和康复疗养等为特色的农业横向融合产业化，通过建设以乡村休闲/体验旅游、农文旅一体化、田园综合体工程等为代表的兼农农业横向融合产业化建设，融入休闲经济、生态服务、生态农业、农产品生产加工销售等更多的经济环节，实现与城市经济发展的紧密衔接，形成乡村农业(产业)"内源"式驱动发展，解决乡村产业"小生产"和"大市场"的矛盾。通过西南喀斯特地区乡村山地特色农业纵向、横向延伸产业化工程建设实现特色农业产业化经营增值，保障乡村振兴的可持续发展。

　　西南喀斯特地区农业发展受农业人口、水土资源、农民素质、区域经济发展水平的限制显著，农业现代化发展转型必须注重精耕细作，提高耕地生产率，同时兼顾劳动生产率，在有限的农业资源基础上提高农业产出，并保持相当数量的农业就业机会，注重自然资源及原材料的高效利用，以"劳动+技术+资本"多重密集的集约化现代农业发展路径为主体，在现有以农户为单位的农业生产组织模式的基础上进行多路径及多模式的农业现代化转型。例如，基于乡村劳动力大量外流，耕地流转及撂荒、弃耕的出现，进行农业生产适度规模化经营；发展以"公司+农户"为主要形式的农业经营联合体；基于家庭农户的股份制农业合作社以及城郊企业式农场等多种转型发展模式。通过不同形式为农产品提供产供销服务，使农户获得与商业资本利益分配的平等地位。农民专业合作社及股份制农业合作社应以增加农户数量实现农业的规模化经营，提高单位土地生产率和劳动生产率，并维持相当数量的乡村就业人口，走以"劳动+技术+资本"多重密集化的发展路径来实现农业现代化转型及其可持续发展。

第四章　生态修复背景下农户生计建设关键问题分析

4.1　生态修复模式、修复技术、成效与农户生计转型发展问题

生态修复模式与修复技术直接影响着生态修复的成效、效率，进而影响生态修复的成本、管理，乃至生态修复的成功与否，并且影响生态修复区农户生态修复的意愿，甚至直接影响农户生计转型发展，是生态修复工程建设中极其重要的环节。目前，西南喀斯特地区生态修复建设以遏制水土流失、地表植被恢复为主要目标，包括退耕还林还草、封山育林、水土涵养林与经果林建设、中草药种植等多种生态修复模式。西南喀斯特地区生态修复建设在遏制水土流失、提高植被覆被率的同时，在改善区域生态环境方面也取得了一定成效。总体上，现阶段生态修复模式及生态修复技术侧重于生态修复的生态效应，在一定程度上忽视了对农户生计转型发展的影响，并且在生态修复模式及修复技术方面缺乏扎实的基础科学研究与技术支持，尤其是生态过程中植被恢复过程的基础科学研究、生态修复成效的评价标准和评价指标体系研究。生态修复物种的选取多根据实践经验，缺乏科学研究作为直接支持，如生态修复物种的生境适应机理、主要的环境胁迫影响限制因素等。未来应重视西南喀斯特地区不同地域不同生态修复模式中特色适生生态修复物种选择研究；重视生态修复物种对干旱、小生境、土壤等不同生境条件下的适应性研究；关注生态修复中植被类型的演替规律，合理搭配修复物种；同时加强生态修复中植被群落稳定性主要影响因素及其作用规律的研究；建立完善生态修复综合效益评价，如生态服务功能、生态效益、经济效益等的监测跟踪，以及评价指标体系、评估模型、评价方法等方面的研究。生态修复治理技术直接影响着生态修复治理成效，进而影响生态修复治理成本、后续管理，影响生态修复治理参与主体的意愿，并且直接影响农户生计转型发展，是土地石漠化综合治理等生态修复工程中极其重要的环节。此外，西南喀斯特地区生态修复建设中要重视"集蓄水"技术，表层岩溶带含水层、岩溶地下水等水资源开发利用相关关键技术的研究，解决区域工程性缺水问题。

此外,现阶段乡村农户生计发展已普遍由温饱生计导向向收益生计导向转变,且以收益导向为主。生态修复治理物种与治理模式的选择要充分考虑生态修复区域农户生计发展问题,西南喀斯特土地石漠化地区乡村经济社会发展落后,农户对环境资源依赖性大,要注重发展以经济效益与生态效益兼顾的经果林等生态修复方式,并考虑农产品生产—流通—销售等各个环节农户可能遇到的困难,制定相应的保障措施,并考虑农户的机会成本对生态修复建设的影响。

4.2　生态修复中农户"主体"作用及后续生计可持续发展问题

中国生态修复建设的主要目标之一,就是实现生态修复建设区农户生计转型发展与生态环境的协调可持续发展,并促进农户增收。当前,生态修复建设模式、生态修复实施范围、生态修复物种选择等都由政府管理部门或科研院所、相关委托企业制定规划,具体生态修复建设由农户执行。参与农户并未形成一种主动的参与机制,更多为被动的或为获得生态补偿而被动参与生态修复建设。政府与参与农户之间形成了一种类似雇佣关系的合作关系,政府为实现生态修复,而参与农户主要是被动参与并获得生态补偿。现行生态修复建设体制下农户的自主选择性较小,农户只能被动承受生态修复建设对自身生计发展造成的影响,所以生态修复补偿期结束后,意味着政府与参与农户间这种类似雇佣关系的终止,出现农户复耕和生态修复林地草地等因缺乏管护使生态修复成果面临退化乃至消失。以上问题出现的关键在于农户在生态修复中自主选择性极小,不能发挥主观能动性,而政府在制定生态修复规划过程中对生态修复对农户生计转型发展的影响重视不够,没有很好地考虑生态修复建设中经果林等生产的水果等农产品在"生产—流通—销售"全过程的成本,对农户参与生态修复建设机会成本也考虑不足,生态修复主要是政府主导的"外生"式生态修复模式,忽视了农户及其生产活动作为区域生态环境演变主导驱动因素的作用,因此政府主导的外生式生态修复模式缺乏可持续发展动力。在生态补偿结束后,生态环境可能会再次遭到破坏而退化。西南喀斯特地区现阶段生态修复建设项目并未实现其改变农户传统生计的期望,农户仍多从事与农业、林业或畜牧业相关的生计活动。因此,要重视改变现有农户被动参与或仅为获得生态补偿而参与生态修复的现状,注重从生态修复建设与农户生计转型协同发展两个方面体现生态修复中农户的主体作用。注重为生态修复建设区农户生计转型提供有效的替代生计或就业机会,提供技术培训、高效新农业生产技术、市场信息、初始资金、创造新就业岗位等支持政策,这是保障生态补偿结束后农户后续替代性生计持续发展的关键,也是维持生态修复建设成效及其持续发展的根本所在。

4.3　生态补偿方式选择及效率问题

　　生态补偿作为一种处理生态环境问题的政策工具集，目的在于通过将生态系统外部价值转化为对参与者的财政激励而增加生态系统服务的供给[135]，也就是建立主体的土地利用决策与自然资源管理的社会经济利益连接在一起的一种激励机制[136]。中国生态修复建设中的生态补偿是对生态修复参与者原有资源利用方式产出损失的直接经济补偿，并不是生态修复参与者生态修复行为所产生的生态服务价值的综合体现，而生计活动作为农户作用于环境的主要方式，受限于农户自身条件等多种内在因素的影响，直接的货币、物质等经济激励并不能很好地促进农户生计转型发展，并形成与生态环境的可持续协同发展。因此，在直接经济激励外，应寻求其他更灵活的生态补偿方式，如产业扶持、提供技术及人员培训、金融扶持、发展生态农业及有机食品生产，建立并完善跨区域的生态补偿机制（图 4-1），推进农户生计转型与乡村人口城镇化等。生态补偿要更多地赋予其促进农户生计转型发展的功能和改变乡村与农户现有农业生产方式的重任，而不仅是实现短期的生态修复建设目标，所以需要重视在有限的生态补偿时限内如何促进农户生计升级转型及其可持续发展，如何消除参与主体农户破坏生态环境的动机，从而实现生态修复和农户生计转型发展的长期可持续性。也就是说，在有限的生态补偿投入下要更好地提高生态补偿的综合效率，促进农户生计转型发展与生态修复成果的巩固发展。

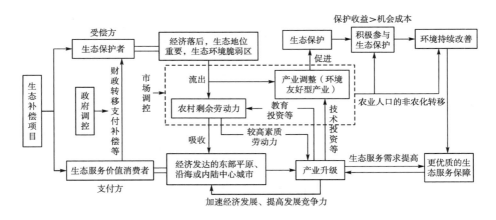

图 4-1　基于经济溢出效应引起的劳动力转移的跨区域生态补偿运行机制示意图

　　随着《全国主体功能区规划》的实施及落实，国家区域生态补偿机制将逐步完善。现有区域层面(优先开发区域与限制开发区域)的生态补偿主要以政府财政转移支付的形式进行,对由市场自我调控配置作用导致的地理要素(人力、资本等)流动形成的间接生态补偿研究不足,如有目的地引导生态补偿支付方(经济发达的优先开发区、生态系统服务价值的主要消费区)发展的溢出效应更多地流向生态补偿受偿方(经济落后的限制性开发区、生态系统服务价值主要生产区)，实现生态系统服务价值消费者与生产者双方一定程度上互利共生的自我生态补偿机制(图 4-1)，促进生态服务受偿方和支付方间的协调发展，最终实现限制开发区域发展为人口密度适中的人类-生态可持续发展的生态服务供给区,优先开发区域发展成为具有良好生态服务供给的高竞争力都市群或大都市区，通过跨区域生态补偿，实现限制开发区域与优先开发区域在收入水平、生活水平及公共基础设施等方面的协同发展。

　　西南喀斯特地区"喀斯特致贫"现象突出，在中微观层面如何设计合理的生态补偿制度，将成为实现农户生计转型发展和巩固发展土地石漠化综合治理等生态修复治理成果，提高农户主动参与积极性的关键。生态补偿制度设计要注重政策决策尺度与相关自然过程尺度的匹配,土地石漠化综合治理等生态修复工程生态补偿对象、标准、补偿形式和周期要有明确界定，应理清区域、县域、村域、农户不同尺度层次上生态修复与经济发展间的冲突，提高不同尺度层次"行为主体"参与生态修复建设的积极性。在村域、农户微观尺度力求实现土地石漠化综合治理等生态修复建设由政府主导的"外驱"治理模式向农户自主创新的"内驱"治理模式的转变，从而强化生态修复治理模式的内生动力，实现生态修复建设的可持续发展和生态系统服务功能的持续供给能力。

4.4　生态服务功能优先背景下的生态修复区经济社会发展问题

　　西南喀斯特土地石漠化区属《全国主体功能区规划》中的限制开发区，但限制开发区并不意味着禁止开发。限制开发区避免了盲目开发，反而为西南喀斯特土地石漠化区经济社会合理发展提供了更多的机会，促进了乡村劳动力外流务工转移，提高了农户收入，有助于农户生计转型，降低了农户破坏生态环境的驱动力，有利于区域生态服务功能的实现和提高。但土地石漠化区自身区位条件相对封闭，经济社会发展以"内驱式"发展为主，对外开放程度相对较低(表 4-1)。而区域自身市场规模有限且市场消费能力不足，难以有效拉动区域经济社会的可持续发展，应进一步提高区域经济对外开放程度。

表 4-1　2018 年西南喀斯特地区土地石漠化主要省份经济发展及对外开放程度

地区	GDP/亿元	国土面积/万平方公里	进出口总额/亿美元	经济密度/(万元/平方公里)	外贸依存度/%
全国	919281	960	46224.2	957.58	33.19
广西	20352.51	23.67	623.38	856.59	20.22
贵州	14806.45	17.62	76.03	840.32	3.39
云南	17881.12	39.41	298.95	453.72	11.03

西南喀斯特地区经济对外开放程度低导致企业的发展更多依赖于区域自身市场，商品出口量小对经济发展的拉动有限。同时西南喀斯特土地石漠化区普遍交通基础设施相对较差，导致运输成本高。同时，崎岖的地形地貌，以及地表地下喀斯特作用形成的复杂水文地质条件，导致公路、铁路等交通基础设施建设成本远高于非喀斯特地区。苏维词等研究表明，单位里程高速公路贵州省喀斯特地区的建设成本比丘陵平原区省份高 2~2.5 倍[225]，导致区域交通基础设施欠账过多，地方政府自身难以解决。《全国主体功能区规划》中要求生态功能优先保障，对区域经济发展的生态环境效益要求更高，进一步增加了区域经济发展的机会成本。西南喀斯特地区乡村相对贫困人口基数大，消费市场有限，而由于就业机会、工资待遇与东部沿海省份差距明显，乡村劳动力外流严重，更加剧了区域经济发展的困境。因此，在优先保障生态服务功能要求下加强交通等基础设施建设，促进西南喀斯特土地石漠化区经济社会发展就成为亟待解决的基础性核心问题。

4.5　快速城市化背景下的生态修复与农户生计转型发展问题

随着中国工业化的持续高速发展，中国城镇化进程(包括乡村城镇化)不断加快。乡村经济社会发展模式、发展路径发生了深刻变化，如农户收入结构、消费方式和农业生产方式、生活方式等都发生了显著改变，农业生产在农户生计中的影响程度显著降低，农户生计转型发展更依赖宏观国家经济发展，而不仅是耕地等资源环境，这也使生态修复与农户生计转型发展之间的作用关系更加复杂。在工业化、城镇化快速发展的背景下，乡村大规模人口外流迁移、乡村常住人口减少及农户收入结构变化等对乡村土地利用方式、利用结构，生产方式、生活方式产生显著影响，生态修复对农户生计策略影响，农户参与生态修复意愿变化等，都是快速城镇化背景下生态修复建设与农户生计协同可持续发展研究的主要内容。未来研究中要重视对外部环境变化背景下农户生计转型发展影响因素的研究，尤其是经济发展的影响，结合其中有利因素，促进生态修复建设和农户生计转型的协调可持续发展。

第五章　西南喀斯特地区农户生计转型
与乡村发展驱动力分析

5.1　基于农户视角的农户生计行为分析

西南喀斯特地区相对独特的水文地质结构特征，导致区域农业生态系统与平原地区相比存在明显差异。一方面，西南喀斯特地区特殊的地表-地下水文二维结构、雨热状况不均和季节性干旱是导致生态系统退化的内在因素，使生态系统脆弱性变强。加之人类不合理活动的干扰极易导致植被退化、土壤侵蚀乃至土地石漠化等生态环境退化问题，水土流失、土壤侵蚀、土地石漠化等导致非生物环境恶化，水土资源无法有效匹配，更不利于植被自我恢复。另一方面，水土资源匹配也是发展农业生产的基础，水土耦合系统中水-土壤系统具有相互依存、互相促进的特点，缺一不可。在土地质量普遍较低的情况下，水、土资源要素就成为西南喀斯特地区土地石漠化小流域农业发展的关键限制性因素。土地石漠化小流域水利设施保障能力不足，不能有效满足农田生态系统稳定运行的需水量，农作物在各个发育阶段易受到水分胁迫，系统处于波动性弱循环状态，稳定性差。因此，西南喀斯特地区土地石漠化小流域农田生态系统持续运行的关键是提高流域的水、土资源匹配度。而西南喀斯特地区地表-地下二元水文环境特性，使地表水和地下水交换迅速，而喀斯特地区"水-土-植被"三要素相互依存，水、土、植被的恢复保护都难以单独进行，必须进行系统综合治理。植被系统是水、土资源要素保持的稳定器，是固土保水的关键，水、土资源要素又是植被系统存在与发展的基础。植被的恢复可有效防止水土流失、土壤侵蚀，促进土壤肥力与土壤质量的提高，并促进非生物环境的改善。西南喀斯特土地石漠化区等部分生态退化区的生态环境自行恢复已相当困难，必须借助综合性的工程措施和生物措施，逐步改善水、土资源要素质量并提高水土资源匹配程度，促进自然生态环境的自我恢复。在水、土资源质量及匹配程度逐步改善的基础上，实现农田生态系统发展和自然生态环境改善的双重目标。

农户生产行为的策略逻辑是在维持自身基本生存安全的基础上，追求经济利益最大化，即遵循所谓"生存理性"原则。因此，现有农户生产行为决策更重视经济收益优先，同时兼顾非农生计发展的风险。石敏俊等研究表明，农户主要由于缺乏资金和规避经济风险而倾向采取自给性的农业生产模式[226]。西南喀斯特土地石漠化区农户收入来源较为单一，在追求收益的同时，农户相对更重视规避经济风险。同时，西南喀斯特山地丘陵区土地石漠化区农户在获得农业市场信息等方面具有较大的滞后性、局限性和被动性，进一步加剧了农户对农业生产开展前瞻性决策的困难，进一步增加了农户开展新农业生产发展的风险。李小建在豫西山地丘陵区欠发达农区的农户行为研究也发现，由于市场信息的缺乏，以及有效获得市场信息渠道的不足，农户难以掌握农产品价格等关键信息，使农业生产呈现被动性，农户在农业生产中难以做出前瞻性的生产决策[227]。目前，随着西南喀斯特地区经济社会的快速发展，土地石漠化区农户生计温饱安全得到有效保障，农户开始追求生计更好的发展，其生产行为迅速向以追求经济效益为导向进行转变，农户生产行为的经济理性显著增强。此外，经济发达地区高收入的"引力作用"和本地区传统农业收益较低的"推力作用"导致乡村青壮年劳动力大量外流[228]，进一步加剧了区域农业现代化发展的困境。此外，经济发达地区的产业升级使部分产业向内陆转移，不少地区涌现出了一批农业、工贸、休闲服务等专业化村庄等，并带动了邻近乡村的专业化发展。李小建等研究指出，"理性小农""劳动分工和专业化""距离衰减和邻里效应"理论，是解释乡村专业村形成机理的主要经济学和地理学理论，农户按照"经济理性"决策，其结果一定会综合考虑各种环境和资源条件，尽最大可能优化配置要素以取得最大效益，并且单一农户的经济行为易受到邻里经济行为的影响[229]。因此，构建相应的农户替代性生计发展导向模式要具有较好的示范带动作用，这对有效促进相关导向模式发展及推广具有重要作用。

综上所述，农户资产、承载风险能力、文化素质水平等限制了农户对土地石漠化综合治理等生态修复工程建设外在生产要素投入的可持续性。从农户视角来看，农户对替代性生计发展导向模式主要有以下两点要求：一是要求农户替代性生计发展导向模式要具有较高的经济收益；二是由于农户自身投入能力不足，农户替代性生计发展导向模式建设过程中要适当控制投入，并尽可能降低市场风险，保障农户收益，并具有较好的可持续发展能力。

5.2　西南喀斯特地区农户生计转型及乡村发展驱动力因素分析

5.2.1　交通等区位条件驱动因素

交通等区位条件的优劣对促进区域经济社会发展具有重要的作用，良好的交通等区位条件可以有效降低经济生产活动的生产成本、时间成本与交易成本，提高各类生产要素的效率。同时良好的区位条件，如紧邻消费市场及生产基地，可以更好地降低生产成本，提高商品市场竞争力。西南喀斯特生态修复建设区一般都位于交通等区位条件相对较差的山地丘陵区，交通等区位条件成为限制其自身发展的重要阻碍因素，因此应有针对性地加强以交通为主的基础设施建设，改善生态修复建设区交通区位条件，促进区域经济发展，从而带动农户生计转型发展，降低农户对环境资源的依赖，从而实现区域经济、生态修复建设及农户生计转型发展的协调发展。西南喀斯特生态修复建设区的部分中大型城市，城郊乡村产业一般以为满足城市花卉、禽蛋、水果及蔬菜需求为主，花卉等商品多属于时鲜商品，需要便捷的交通运输条件。例如，在贵阳市乌当区阿栗村的蔬菜、水果生产基地的实际调研中发现，乌当区阿栗村进入贵阳市区的交通拥堵严重，非常不利于产品的运输。同时，随着城市的发展，城市对周边乡村产生了一定的辐射带动作用，良好的交通条件是乡村承接城市相关产业转移、发展乡镇经济的重要基础。西南喀斯特地区由于地形地貌崎岖破碎，各城市、乡镇的交通通达性相对东部地区存在较大差距，同时交通等基础设施建设成本远高于东部地区。相对落后的经济发展水平，导致财政收入相对不足，而交通等基础设施建设方面需要大量的资金投入，投入不足使交通条件难以改善，而交通条件差又限制了经济发展，导致产生恶性循环。这就需要争取国家支持，首先改善交通条件，促进商品流通，同时随着交通便捷度的提高，将有效促进区域乡村与外部市场的交流，有利于传播新的生产、生活理念及发展方式，有助于村民思想观念转变，从而为乡村转型发展与农户生计转型发展提供助力，有利于降低农户生计活动对生态环境的影响。

5.2.2　优势资源开发驱动因素

　　部分西南喀斯特生态修复地区拥有丰富的矿产资源，尤其是汞、铅锌、磷、锑等有色金属矿产资源丰富。同时，崎岖破碎的地形形成了丰富的多样性特有植物，是众多优质中药材的主要产区。因此，有针对性地选择资源集中区，开发优势资源，可以为区域发展带来需要的资金、技术、人口聚集，并改善区域交通基础设施，驱动区域经济发展，有利于吸纳乡村剩余劳动力就业，促进乡村产业转型、农户生计转型发展，培植乡村新的经济增长点，提高农户收入。以贵州省为例，赫章县的妈姑镇、松桃县的孟溪镇分别因铅锌矿、锰矿开发而兴起，夯实了县域经济与乡村经济未来可持续发展的根基。

　　西南喀斯特地区发展的相对落后及交通等区位条件的限制，使部分生态修复建设区保留了优美的自然田园风光和淳朴且富有特色的乡村文化，并且西南喀斯特生态修复建设区是我国多民族聚居区之一，少数民族文化丰富多样，因此可以依托优美的自然风光和浓郁的富有地域特色的文化资源发展乡村旅游、民族风俗旅游等。以贵州省为例，目前涌现出贵定县音寨村、平坝县明代屯堡、安顺市九溪村及讲义村等依托乡村自身特色旅游资源，发展乡村旅游、农业休闲旅游等，获得了良好的经济效益，有效促进了乡村经济发展，村容村貌改善显著，农户收入水平获得很大提高。关键是乡村旅游产业的发展使农户意识到保护生态环境的重要性，有利于生态环境的保护与可持续发展。

5.2.3　产业结构优化驱动因素

西南喀斯特地区产业结构优化驱动农户生计转型及乡村的发展，可以从乡镇企业发展、乡村传统产业结构优化及农业生产产业化发展三个层面来具体分析。乡镇企业一般分布于乡镇地区或城郊，乡镇企业具有与乡镇天然的紧密联系，并且乡镇企业涉及面较广，企业规模一般相对较小，覆盖工业制造、农产品初加工、运输、特色农产品加工、旅游管理、住宿等，对乡村剩余劳动力的吸纳能力较强，是乡村经济进一步的延伸发展，对促进乡镇层面资源配置及产业发展，具有重要促进作用，并且乡镇企业吸纳农民在当地就业，农民不离乡，对农业生产活动的影响很小，可有效增加农民收入，对农户生计转型发展具有重要的促进作用。

传统农业生产结构转型优化。乡村地区经过长时间的发展，一般形成了相对稳定的传统产业结构，如传统粮食作物种植、经果林种植等，但乡村传统产业结构经济效益一般较低，农产品与市场关联程度相对不高。在现有市场经济发展环境下，可以依托温室大棚发展以蔬菜、特色瓜果、禽蛋、苗木、花卉等为代表的高附加值农作物。以蔬菜、特色瓜果、禽蛋、苗木、花卉等为代表的农业生产与传统农业联系紧密，对农户科学文化及生产管理等方面的要求提高不大，农户易于接受及发展，可有效提高乡村农业生产的经济收益。以贵州省为例，位于喀斯特石漠化地区的普定县魏旗村、德江县青龙镇等，其农业生产结构由传统粮食作物种植改种无公害蔬菜等高附加值农作物，乡村农户年人均收入增加近50%。

农业生产产业化发展主要指通过 "公司+农户"形式，即相关农业产业公司带动大量农户，形成规模较大的产业化生产，解决单一农户经营分散的劣势，有利于实施农业生产的标准化与农业适度规模化生产。具体通过农户与公司之间签订相应的产品种植合同，农户负责按标准生产，公司主要提供灌溉等基础设施、技术及管理方面的支持，以及农产品的运输-销售等环节，形成产供销完整的农业生产-经营纵向链，提高农业生产效率及农户收入水平，可有效地提高农业生产的抗风险能力，促进农户生计转型发展。

5.2.4　乡村剩余劳动力转移驱动因素

西南喀斯特地区属于我国多民族聚居区，人口增长率较高，但是区域强烈的喀斯特作用导致喀斯特山区地表崎岖破碎，平坝耕地占比低。以贵州省为例，全省坡度小于 8 度的土地仅占国土总面积的 10%，人均耕地仅有 0.78 亩，远低于全国平均水平。同时，西南喀斯特地区整体上属于我国经济欠发达地区，城乡二元经济发展结构尤其突出，而西南喀斯特生态修复建设区多属于喀斯特山地丘陵区，耕地资源更为稀缺。巨大的农业人口基数加之稀缺的耕地资源，使乡村产生了大量的相对剩余劳动力。在改革开放之前，由于缺乏除农业生产之外的就业途径，大量劳动力投入到农业生产中，实际上单位劳动力的投入对农业生产效率提高很有限，劳动力边际效益极低，农业生产"内卷化"严重，触发了严重的生态环境退化问题。随着改革开放，东部沿海地区经济发展需要大量的劳动力，在巨大收入差距等因素驱动下，西南喀斯特地区已成为我国外出务工人员输出最集中的地区，以贵州省为例，每年约有 900 万名乡村劳动力常年在外务工。乡村剩余劳动力的大规模转移，减少了农业生产中的劳动力数量，提高了农业劳动生产率，同时大量剩余劳动力转移流动带来的务工收入，也为乡村转型发展带来了新的机遇与动力。

乡村剩余劳动力转移为乡村经济的发展提供了资金支持，增加了农户收入，促进了乡村经济发展。根据贵州省遵义市农民工返乡创业报告数据显示，仅 2007 年遵义市外出务工人员带来的各类收入超过 30 亿元。外出务工收入有效提高了农户生活水平，农户家庭都配备了相应的家电，部分农户实现光纤接入，可以及时获得相应资讯，对促进乡村经济及农户生计转型发展具有重要的推动作用。外出务工人员带回了相关的技术、生产经营管理经验及开放活跃的思想理念。许多外出务工人员依托自身学习的技术及外出务工的资金积累，回乡再创业，同时在回乡创业过程中也可以有效地带动相关农户生计转型发展，有效推动了乡村经济及农户生计转型发展，降低了农户对耕地等环境资源的依赖，有利于实现生态环境的恢复。西南喀斯特生态修复建设区乡村劳动力外出务工人员众多，应针对外出务工人员务工及返乡务工人员再就业、创业等方面提供相应的政策支持，使返乡务工人员更好地实现再就业和再创业，充分发挥乡村劳动力回流，为乡村带来的资金、技术、人才等生产要素，发挥返乡务工人员的积极带动作用，促进乡村经济转型升级和农户生计转型发展。

5.2.5　资金及科技投入驱动因素

西南喀斯特地区由于自然、历史、经济发展等原因，属于典型的欠发达地区，区域经济发展水平低导致对乡村水利灌溉、交通、人畜饮水工程等基础设施投入常年不足，而特殊的喀斯特水文地质条件使同等基础设施的工程造价远高于非喀斯特地区，并且工程的维护成本也高于非喀斯特地区。便捷的交通等基础设施是喀斯特山区乡村发展的前置条件，必须加大对交通等基础设施的投入，在增加当地财政投入的基础上，积极争取国际、国家、社会资本等多方面的资金投入，国际方面如积极争取世界银行低息贷款，国家层面的专项建设资金，社会层面的企业资金等民营资本。完善强化乡村农业水利灌溉、乡村交通、人畜饮水工程等基础设施，提高基础设施对西南喀斯特生态修复建设区乡村经济发展及农户生计转型发展的支撑能力，增强乡村经济及农户生计转型发展的可持续发展能力。

科技投入主要是指在农业生产过程中基于当地资源环境基础，针对农业生产过程增加作物新品种及相配套的栽培管理技术、牲畜新品种及相应的饲养管理技术；中低产田水利灌溉、土壤质量的改良；农产品、畜牧产品及水产产品的深加工技术等投入；农产品生产资料、农产品销售等网络信息化建设及相关专业人才的培养，如牲畜与水产养殖、防疫、管理、销售等专业型人才。提高科技在农业生产中的支撑促进作用，提高劳动生产率和农业生产率。

5.2.6　政策及其他驱动因素

西南喀斯特地区由于交通基础设施、市场、资金、技术及农户科学文化素质等处于相对劣势，在发展机遇上面临已发展区域的巨大竞争压力，因此需要政府在乡村经济及农户生计转型发展方面提供相应的政策、资金等倾斜支持。例如，针对西南喀斯特地区农业水利基础设施不足、建设成本高的特点，国家可以设立西南喀斯特地区农业水利基础设施建设专项基金，由地方政府申请，配合地方自有资金配套以及社会资本等，加快推动区域农业水利设施建设。在退耕还林还草、土地石漠化综合治理等生态修复建设方面，除针对退耕农户提供相应的生态补偿外，可针对退耕农户在农业生产机械购买、农作物新品种更新等方面给予适当的补贴，提高农户参与生态修复建设的积极性，并推动农户生计转型发展。针对农户自主创业缺乏资金的问题，由政府主导设立农户自主创业基金，为创业农户提供小额无息或低息信贷支持，制定针对农户大宗农产品、经济作物的保护性收购价格。针对乡村社会保障基础薄弱的问题，优先建设完善乡村基本社会保障制度。在交通区位偏远但旅游资源富集的地区，由政府牵头引进资金并开发，大力发展乡村旅游、民俗文化旅游等，促进乡村经济升级及农户生计转型发展。

此外，针对生态环境特别恶劣且难以恢复的地区，已缺乏支撑人类基本生产生活条件的地区，由政府支持或在政府扶持下进行整体异地生态移民，从根本上消除人类对生态环境的胁迫影响，并可改善移民农户基本发展条件，消除农户对生态环境的影响，实现农户生计重建及转型可持续发展。

第六章　生态修复背景下乡村与农户生计转型发展导向模式

6.1　西南喀斯特地区乡村尺度发展导向模式

　　农户是乡村发展最重要的利益与价值主体，也是乡村地域系统功能、结构及形态建构主体，乡村转型发展本质上是农户生计的升级转型。农户是乡村经济社会的基本组成单元。农户生计转型发展决定了乡村人口、社区民居，乡村工农业经济、服务业，乡村人文、生态环境和乡村山水林田湖草资源等演变发展。也就是说，农户生计升级转型发展推动了乡村生态环境、社会和经济的耦合发展。西南喀斯特地区生态环境条件、经济社会发展条件及城镇化发展水平等相比东部地区存在明显差距。同时，崎岖的地形地貌导致村落分布分散，并且同一乡村中农户也是分散居住，导致农户交通通勤等时间成本高，不利于农产品的流通。在农户生计发展能力建设上，农户的分散居住也不利于乡村基础设施建设，在投入等量资金、技术时产生的效益相对较差。因此，西南喀斯特生态修复建设区生态修复建设与农户生计转型发展，需要从乡村发展尺度和农户生计转型发展尺度分别进行分析讨论。此外，乡村发展层面及农户生计层面发展导向模式的构建首先要以有利于西南喀斯特地区生态修复建设及农户生计转型发展为前提，充分结合区域资源环境条件来建设。

6.1.1　喀斯特峰林峰丛/盆谷地/丘陵/传统农耕区乡村发展导向模式

　　西南喀斯特地区作为我国经济欠发达地区，城镇化水平相对较低，乡村人口基数大，农业人口众多，农业在区域国民经济中，尤其是在乡村经济中具有重要的基础地位。由于强烈的喀斯特作用，西南喀斯特地区没有大面积的平坝耕地作为农业生产的基础。西南喀斯特地区传统农耕区主要分布在水土资源匹配较好、面积较大的喀斯特峰丛盆地、喀斯特丘陵平坝地区，平坝耕地是西南喀斯特地区最宝贵的耕地资源。西南喀斯特平坝区水土资源条件匹配较好，农业生产等基础设施相对比较完善，传统农业发展水平较高，农业生产效率较高，是西南喀斯特地区主要的粮食生产基地。同时，西南喀斯特平坝区也是西南喀斯特地区城镇、乡村分布的集中区域，城镇建设用地与农业生产用地存在着一定竞争矛盾。西南喀斯特传统农耕区应在保证粮食生产的情况下，发展高附加值现代化农业。

1. 模式建设原则

西南喀斯特地区峰丛盆地、丘陵平坝区的传统农耕区，其乡村经济发展要以保护优质耕地资源为首要原则，并注重城镇、乡村建设用地的长期规划及规模，确保耕地资源的保护。传统农耕区耕地资源质量高，耕地资源在传统种植农业发展模式下的生产效益进一步提高已经相当有限。应充分利用优质的水、土资源发展高附加值多样化的高效农业发展模式，如有机农业、设施农业、生态农业、订单农业、特色优质蔬菜种植农业等发展模式，并进一步创新农业生产新组织模式，发展企业式农场经营模式、农业经营联合体模式与基于家庭农场的股份制农业合作社模式等多种农业生产新组织形式。在充分保障耕地资源可持续利用的前提下，进一步提高农业生产附加值，增加农户收入，促进乡村转型发展与农户生计转型发展的协同可持续性。

2. 模式基本内容

以市场需求为导向，建设高标准的有机农业生产基地、建设温室大棚等设施农业，提高农业生产过程中如育种、生产、加工等过程中的科学技术含量，提高生产效率。在进一步提高农业生产端农产品品质的同时，逐渐完善提高农产品运输、加工、销售端的建设，建设完整的以农产品生产—运输—加工—销售于一体的农业生产全产业链模式。发展以"公司+农户"为主要形式的农业经营联合体，基于家庭农场的股份制农业合作社，以及城郊企业式农场等多种发展模式，通过不同形式的专业协会、公司、合作社间联合经营为农产品提供纵向种养、加工、销售服务，建设农产品的生产—运输—加工—销售纵向全产业链生产，使农户获得与商业资本平等的利益分配地位。农业生产纵向全产业链生产的建立，有利于将农业生产的最大利润留在乡村、留给农户，增加农户收入，并促进乡村经济发展与农户就业。农业生产纵向全产业链的建设，由于涉及资金投入、生产技术标准制定、农产品加工、销售等众多环节，需要生产、检疫、营销及运输等多方面的人才，仅仅依靠乡村现有人才与农户的投入是无法实现的，需要由政府进行招商引资或依托区域现有相关涉农企业进行整合。政府在政策、管理、税收及用地方面对企业建立运营进行倾斜支持，扶植企业发展，并从多方面引进相关农业生产的管理、技术人才等。

农业生产端，可以以乡村为单位建设不同农产品的标准化基地生产模式，确保农产品生产的规模化及标准化，确保农产品品质。针对农户分散生产产品标准化难以统一、管理不便的情况，可采用农户土地流转集中的办法，农户通过将土地流转租赁或是以土地面积入股的形式参与，企业则以雇佣方式雇佣农户进行生产，既确保农产品的标准化生产与产品品质，也避免了农户因个人科学文化素质不足对生产的影响，还节省了公司对分散农户生产进行管理的成本。同时，农户进入企业工作可以获得一份稳定的工资性收入，并可从企业发展中获得收益分红，有利于提高农户收入，实现农户收入多元化和生计多样化发展，减少农户农业生产过程中对环境的破坏，促进生态修复建设。此外，在发展组织形式上也可以发展农业经营联合体模式、基于家庭农场的股份制农业合作社模式等多样化的组织经营模式。具体组织模式主要有以下几种。

（1）企业式农场经营模式。西南喀斯特峰丛洼地平坝耕地面积较小，虽不适宜发展大型规模化农业，但目前区域农村劳动力外流严重，已有相当数量的耕地撂荒及流转，存在农业适度规模化经营的条件。基于区域农村劳动力外流及耕地撂荒、弃耕情况，通过土地流转建立较大规模的"企业"式农场，由企业或农场主全权负责经营管理，农场主自身仅从事经营管理工作并参与少量农业生产劳动，农场生产主要依靠机械及雇佣劳动力完成，农民仅以雇佣工人的身份获得工资性收入（图6-1）。例如贵州省长顺县摆所镇热水村，通过土地流转、群众入股等方式加入村办企业，用于集中开发经营管理，提高土地产出效益，强化农业生产与市场需求的结合。企业采取向农民租用土地，雇佣农民为员工，公司以规模集约化生产的方式进行管理运作，提高农业生产效率与耕地生产效率，增加农民收入。

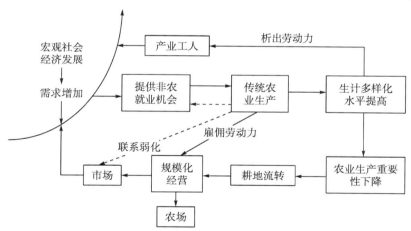

图6-1 西南喀斯特平坝区企业式农场经营模式示意图

（2）农业经营联合体模式。农业经营联合体模式是以"公司+农户"为主要形式的农业经营联合体。由公司与一个或多个村庄或多个农户签订生产合同，进行统一标准化农业生产。公司负责农产品收购、加工及销售，农户主要负责农产品生产（图6-2）。农业经营联合体模式组成相对松散、灵活多变，适用范围较广。农业生产过程中公司可为农户提供一定的技术指导、统一购置农资等方面的支持。农业经营联合体模式在一定程度上降低了农户农业生产成本及市场风险,同时农户与公司签署合作合同,一般将农产品以低于市场的价格出售给公司,从而实现公司与农户的双赢。例如,普定县循环农业示范园区内有县级以上龙头企业 1 家,农民专业合作社 15 家,专业种植大户 20 家,现已完成高标准商品生产基地建设规模 6.52 万亩,积极推行"公司+农户"的产业发展模式,建立健全公司与参与农户的利益联结机制,实现了园区、公司、农户多方共赢,使周边农民家庭收入大幅度增加,具体措施详见参考文献[230]。

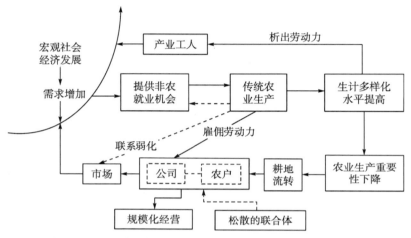

图 6-2　西南喀斯特山地丘陵区农业经营联合体模式示意图

(3)基于家庭农场的股份制农业合作社模式。在农村劳动力大量外流的背景下,通过土地使用权流转(不支付地租或支付极少地租的亲朋乡邻间的无租流转)进行农业适度规模化经营。中国现有城乡人口占比及经济社会发展背景下农户农业经营规模的合理面积为 1.2 公顷/户,而目前我国农村户均耕地面积为 0.4 公顷[231],存在明显的适度规模化发展空间,适宜发展家庭农场。家庭农场的生产劳动力以农户自家留守劳动力为主,辅之外出务工的主劳动力农忙时的暂时回归,并结合目前农业生产的"分段"专业化来完成农业生产(图 6-3)。农业生产作为一种经营活动,农户会精确计算劳动力和资本的投入产出效益,以追求家庭利润最大化为目标[232]。例如盘州市普古乡舍烹村 2012 年依托娘娘山生态农业示范园区,成立了银湖农民合作社,农民以土地和资金入股参与合作社经营,园区与农户签订 30年期限的土地流转协议和产品收购协议,农户可以获得入股分红、土地流转租金、务工收入和集体分红四种收入,成为股东,采取"企业+村集体+合作社+农户"的模式,明确了"三变"经营主体,有效地提高了农民收入。农民人均纯收入由2011 年的 700 元增加到 2017 年的 1.2 万元,带动 1117 户低收入农户 3962 人实现脱贫致富[233]。

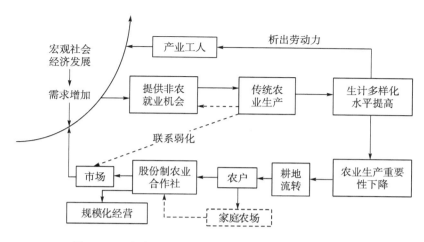

图 6-3　西南喀斯特地区股份制农业合作社模式示意图

（4）企业式农场经营模式等不同农业生产组织发展模式对比分析。企业式农场经营模式中，农场承担土地流转、雇佣劳动工资等费用，农业生产成本较高，需通过规模化生产来保障利润，该模式适合耕地相对丰富、距离城镇较近或交通便利的峰丛洼地谷地平坝区，宜发展蔬菜、花卉、蛋奶制品等高附加值农产品。企业式农场前期运营资金投入大，农业生产主要由雇佣劳动力及机械完成，本质上与"资本密集化"大型规模化农业生产模式是一致的，企业式农场单位劳动生产效率较高，但提供的农业就业机会相对较少。

农业经营联合体模式中的关键问题是在农产品价格波动的情况下，保障公司、农户间利润的合理分配。企业是单纯的经营性生产单位，公司与农户仅是"雇佣与被雇佣的"合作关系，企业会精确计算资本的投入产出效益，以追求利润最大化为目标，不考虑农户的消费需求，所以普遍存在企业将农产品市场风险转嫁给农户的情况，使农户成为市场风险的最终承担者。

基于家庭农场的股份制农业合作社模式中，家庭农场需在有限的资源下追求效用最大，如有留守劳动力（照顾儿童、老人等）的情况下，通过提高留守劳动力的就业水平来实现效益最大化。结合目前农村集体产权制度改革，以家庭农场为基本单位组建的股份制农业合作社，需明确权责，实现规模化经营，建立"资金+技术+劳动"多重密集型现代农业发展模式，实现精耕细作，提高土地生产率及劳动生产率。

以上三种农业现代化转型发展模式都具有自身的优劣势与适用范围（表6-1），西南喀斯特地区地形地貌、小气候小生境多种多样，农业存在多元化发展的先天基础条件，宜因地制宜选择多样化、差异化的农业现代化转型发展模式。

表 6-1　西南喀斯特地区丘陵平坝区不同农业生产发展模式对比

类型	优势	劣势	适应范围
企业式农场经营模式	农业生产规模较大，劳动力单位耕地产出效率较高	土地流转、雇佣劳动工资等费用支出高，农业生产成本较高，易受农产品市场波动影响，受市场影响较大	距离城镇较近，耕地质量较好的城郊区或交通便利的远郊地区
农业经营联合体模式	降低农业生产成本及市场风险	在农产品价格波动剧烈的情况下，农户难以获得较合理利润分配	农业经营联合体模式组成相对松散、灵活多变，适用范围较广
家庭农场股份制农业合作社模式	通过家庭农场的有机组合，实现农业生产的规模化经营	家庭农场农业生产的标准化、保证农产品的质量；管理者需具有很高的管理水平	适用于耕地资源较丰富、地形平坦的较大平坝区

3. 模式适用范围及关键问题

企业式农场经营等农业生产组织模式广泛适用于具有较大耕地面积，水、土资源匹配程度较高，具有较完善农田水利等基础设施及便捷交通条件的喀斯特丘陵平坝区，若具有距离大中型城市较近等区位条件优势则更有利于企业式农场经营等农业生产模式的建设发展。但农业生产纵向全产业链的建设，需要进行大量的前期风险评估分析，避免盲目投资建设浪费原已紧缺的资金，避免对耕地资源造成不可修复的破坏，损害农户的根本利益与农业发展的基础，侵蚀乡村发展与农户生计转型发展的基础。

西南喀斯特峰丛洼地是典型生态脆弱区，农村经济社会发展水平低，农业现代化转型难度大。农业现代化转型发展要充分结合未来农业人口非农就业、人口城镇化、区域经济转型、区域生态功能定位及国家粮食安全等多层因素，并结合乡村振兴建设，在降低乡村农业人口的基础上实现农业现代化转型。同时，农业现代化转型发展的关键是实现农业更好地融于城市经济，充分分享经济发展的成果，从而使农业现代化转型具有内在的可持续发展能力。针对以上问题建议，应从以下几点加强建设。

（1）基于区域特色资源发展特色农业，如特色农产品、地道中草药种植等高附加值山地特色农业。西南喀斯特峰丛洼地耕地破碎，难以实现规模化、机械化经营，传统种植农业附加值太低，农户缺乏参与积极性，可充分利用特殊的小气候小环境种植地道药材、特色农产品，并结合农产品电商销售平台等进入城市市场，提高农户收益，兼顾农户收益与生态环境保护。

（2）促进农业人口非农就业，培育新型农业经营主体。通过土地流转在土地分布较集中的峰丛洼地发展规模化、专业化农业，在峰丛洼地等发展规模化特色经果林种植，创建区域特色农产品，如云南的咖啡种植、贵州的猕猴桃种植等。提高专业型农户和非农农户占比，减少兼业型农户，增加农业生产利润，提高生产效率，促进农业专业化生产。

（3）开展土地整理，改善农业生产条件。根据喀斯特峰丛洼地不同坡度土地的原始基底环境，采取人工封育、退耕还林（特色经果林）还草（牧草）及修建梯田等不同土地整理措施与生物治理措施，减少水土流失、土壤侵蚀，提高耕地质量，并建设完善农田灌溉等基础设施，保证农业生产的稳定性，增加耕地产出。同时，争取东部经济发达省份的生态补偿，增加农业投入，进一步完善农业生产基础设施，维持一定的农业生产规模及农业就业量。

6.1.2　喀斯特山地丘陵区循环经济型农业发展模式

西南喀斯特山地丘陵区由于耕地数量少且质量不高，森林生态系统、农田生态系统等物质生产量均低于同纬度的非喀斯特地区。农作物秸秆回田利用率低，导致农作物的生产主要依赖化肥的使用，而西南喀斯特山地丘陵区因强烈的喀斯特作用，地表渗漏严重，地表水和地下水交换迅速，大量的化肥、农药等随地表径流进入地下管网系统，对地下水产生了一定的污染。同时，西南喀斯特山地丘陵区坡耕地占比高，耕地土壤质地较差，坡耕地耕种又易导致一定的水土流失，使耕地土壤质量逐年下降。因此，西南喀斯特山地丘陵区可通过发展循环经济型农业，充分利用多层次物质循环来提高农业生产效率及资源的高效利用，维持耕地土壤质量，促进农业生产的可持续发展。

1. 模式建设原则

循环经济型农业发展模式是以提高资源利用效率，减少资源浪费，从而提高农业生产效率为首要原则，充分利用农业生产过程中产生的中间物（废物），尤其是农作物秸秆的利用。以前农作物秸秆主要在地里焚烧、作为生活燃料或短时饲养牲畜。循环经济型农业可通过沼气池发酵，沼液沼渣最后回田，从而提高资源利用效率，并减少环境污染。因此，循环经济型农业发展模式要遵循以下原则：①建立并实现多层次物质的高效循环利用路径；②经济效益与生态效益兼顾，并适当突出经济效益。

2. 模式主要建设内容

循环经济型农业发展模式建设的重点是建立以沼气池为核心的多层次物质循环利用体系，以农业生产、畜牧养殖废料为基础建设物质输入端，以沼气池为纽带，以沼气能源、沼渣沼液为输出，以实现农业生产系统、农户生活系统与生态环境系统间的物质循环利用，从而实现社会经济效益与生态效益的有机统一。

物质多层次循环利用方面，主要以农业生产过程中农作物秸秆、废弃蔬菜瓜果、牲畜（家禽）养殖及人类日常生活产生的有机垃圾、粪便等作为循环系统的输入进入沼气池发酵，发酵产生的沼气供农户生活能源使用，沼渣沼液可直接用来肥田或经过灭菌后用作养殖食用菌的菌基，如养殖木耳、平菇等大宗食用菌品种。此外，有条件的地区还可以进行水产养殖。

如图 6-4 所示，畜禽和人的粪便、农作物秸秆、经果林生产中的落果等富含有机质的废物经沼气池发酵，产生的沼气作为农户做饭、烧水等生活能源，沼液沼渣是果树、花卉、苗木、粮食生产的优质有机肥，有效提高了物质的利用效率，并可减少人畜粪便等对喀斯特地下水的污染。

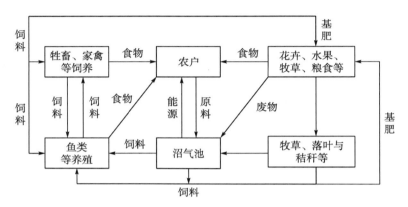

图 6-4   基于多层物质利用的喀斯特山区循环经济型农业发展模式

3. 模式的适用范围及关键问题

循环经济型农业发展模式适用范围较广，但该模式在喀斯特浅丘、洼地、盆谷地等水土资源匹配条件相对较好的地区较为适宜，可保证沼气池足量的有机物输入。该模式运行的关键是建立有效的多层次物质循环利用体系，并且保障足量的有机质废物输入，同时对沼气池的管理需要一定专业技术，需要对农户进行一定培训。针对沼气池物质输入端，需要保障足量有机质废物输入的问题，单一农户建设难以保障，可以结合适度规模化农业生产与牲畜养殖，保障有机废物的足量输入。由乡村组织规划建设适量的大型沼气设施，进行专门管理运营，沼气有机质废物输入问题也可以通过市场化运作实现，同时产生的沼气能源以一定价格出售给农户，收入作为沼气池管理维护费用。适度规模化农业生产通过对土地进行适当集中的方式，如通过土地租赁、流转等方式集中，形成以农业生产为主，牲畜养殖、鱼类养殖、农产品加工等多种经营方式相结合的农业适度规模化经营，从而保障有机质废物的足量输入、沼气池的正常运行以及沼渣沼液回田的分配问题（以市场化运作实现），提高劳动生产率，从而有效地提高经济效益，促进乡村经济转型发展，提高农户生活质量与收入。

6.1.3　喀斯特峰丛洼地/峡谷区水土保持与混合农林牧复合发展模式

　　西南喀斯特峰丛洼地、峰丛峡谷是西南喀斯特地区重要的地貌组成类型。喀斯特峰丛洼地、峰丛峡谷由于地形坡度大、土层浅薄，不合理农业生产等人类活动极易造成土壤侵蚀、水土流失，并且水土流失一旦形成就极难逆转，最终造成土地石漠化。喀斯特峰丛洼地、峰丛峡谷水土资源分布具有显著的地域特色，喀斯特峰丛洼地土地分布一般以洼地中心为圆心，呈现同心圆环状分布，由内向外依次是水稻田、旱作耕地及林农交错带(图 6-5)，较大面积林地主要分布在峰丛顶部。喀斯特峰丛峡谷土地分布则以峡谷谷底为轴心，向两边呈现平行的带状分布，由峡谷谷底向两边依次分布水稻田或高质量旱作耕地、旱作坡耕地及农林交错带。喀斯特峰丛洼地、峰丛峡谷的地形地貌特性及其水土资源等分布特性，极易导致峰丛顶部植被面积的不断缩小。峰丛洼地农田的环状分布和坡耕地耕作极易导致坡地土壤理化性质的改变，阻碍表层岩溶水循环路径(图 6-6)，使产于农田的地表地下径流，尤其是大部分土壤中流及地下径流在途经峰丛洼地坡耕地时出露为地表径流，加上山坡陡峭且缺少地表植被的截留，在重力势能作用下，每次降水后坡耕地地表径流将显著增加，加剧土壤侵蚀[234]。水土流失与土壤侵蚀加剧极易造成土地石漠化，并威胁到峰丛顶部植被系统。喀斯特峰丛洼地、峰丛峡谷坡耕地耕作极易造成土地石漠化，甚至影响峰丛顶部植被系统的稳定，造成生态环境不可逆的破坏。因此，喀斯特峰丛洼地、峰丛峡谷适宜发展水土保持与混合农林牧复合发展的农业生产模式，优先保障模式建设的生态修复效益，兼顾模式的经济效益与农业生产的稳定。

图 6-5　贵州省平塘县喀斯特峰丛洼地内耕地与林–灌植被景观(拍摄：张军以)

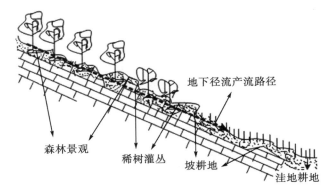

图6-6　贵州省平塘县喀斯特峰丛洼地内植被分布及径流产生模式简图

1. 模式建设原则

由于喀斯特峰丛洼地、峰丛峡谷水土资源不匹配性及生态环境的敏感性，坚持"生态效益"优先，兼顾经济效益的基本原则，建设水土保持与混合农-林-牧复合发展的农业生产模式，以实现遏制土壤侵蚀、水土流失，防止土地石漠化，增加植被覆盖率为基本目标的生态修复建设。通过提高植被覆盖率，降低喀斯特峰丛洼地、峰丛峡谷坡耕地及农林交错带的水土流失，防止坡耕地土地石漠化，保障峰丛洼地、峰丛峡谷中优质耕地的可持续利用。同时，为兼顾生态修复建设的经济效益，坡耕地退耕还林还草主要选择适宜峰丛洼地、峰丛峡谷生产的特色经济作物，如花椒、香椿、火龙果、西番莲等经济作物，提高农户收入，兼顾农户生计转型发展。

2. 模式主要建设内容

针对西南喀斯特峰丛洼地、峰丛峡谷坡耕地农业生产极易造成水土流失，农业生产易受干旱、雨涝等自然灾害影响，难以保障农业生产收益的基本问题，建设以增加地表植被覆被为目标的生态林、水源涵养林、水土保持林，选择适宜西南喀斯特地区石灰岩土壤环境的常绿针叶落叶混交林，以及花椒、香椿、核桃等经果林、坡耕地种植金银花等中草药。喀斯特峰丛洼地、峰丛峡谷水土保持与混合农林牧复合发展模式，前期投入主要为经济作物种苗购买及后期管理过程中施肥、农药的使用及管理的人工成本等。模式建设要以水土保持效益优先，兼顾经济效益为原则，以水土保持林与混合农-林-牧复合经营为主体。在不适宜水土保持林和经果林种植的土地种植牧草或金银花等耐贫瘠作物，同时在水土保持生态林及经果林进行林下养殖，最大程度地提高土地生产效率，实施农-林-牧（禽）复合经营，形成以生态林与经果林建设为主体，种植牧草或中草药为配套的农-林-牧（禽）生产体系，发展生态畜牧业，通过种草养畜、林草结合的复合模式，最大程度地利用现有生态环境资源，在保障生态修复建设的同时增加农户收入。此外，在林木种植过程中要减少对土壤的扰动，可建设简单围栏防止土壤侵蚀、水土流失，提高苗木成活率。

对贵州省毕节市属于典型喀斯特峰丛洼地、峰丛峡谷地貌的鸭池镇甘堰村、庙脚村等生态修复治理乡村的跟踪监测表明，经果林等苗木种植等前期投入约为 720 元/亩，一般亩产水果 2200 千克，按当年水果市场价折合人民币约 4400 元，农民每亩纯收入约为 3000 元，显著增加了农户收入，提高了农户生计发展能力，同时有效减少了土壤侵蚀。

3. 模式适用范围及关键问题

喀斯特峰丛洼地、峰丛峡谷水土保持与混合农林牧复合发展模式适宜于西南喀斯特山地丘陵区，海拔较高、地形崎岖、垂直高差变化大的峰丛洼地、峰丛峡谷地区，轻度、中度及重度土地石漠化分布较为集中的地区。建设发展该模式的关键是适宜特色经济作物的选择以及作物种植成活后的后期管理。同时，经济作物的选择要兼顾具有较好的经济收益与生态修复功能，可以给农户带来一定的经济收益，保障农户对经济作物进行积极后期施肥管理等，以实现喀斯特峰丛洼地、峰丛峡谷农业生产由传统农业种植向水土保持与混合农林牧复合农业发展模式转型。

6.1.4　喀斯特山地丘陵区茶树、金银花等特色经济作物种植模式

西南喀斯特山地丘陵区由于强烈的喀斯特作用，地表崎岖破碎，高山峡谷密布，单位垂直海拔变化大，垂直温差变化明显。崎岖复杂的山地小环境造成了复杂多样的小生境和小气候环境，生物多样性丰富，不少地区特殊的生境适宜发展特色经济作物种植。以贵州省为例，贵州省降水丰富，气候温和湿度大，年日照时间总量较小，高山地区多云雾，加之部分地区分布有适宜于茶树生长的土壤环境，适合发展有机茶叶产业。贵州省药用植物资源有 3900 余种，占全国中草药品种的 80%，是全国四大中药材产区之一[235]。喀斯特山地丘陵区多出产珠子参、(黔)党参、冬虫夏草、天麻、石斛等多种著名中草药。部分喀斯特山地丘陵区荒山、荒坡面积大，水土流失、土地石漠化严重，土层覆被较差，水土资源匹配条件不能满足一般农作物生产需要，但其恶劣的生长环境适合金银花等耐贫瘠中草药的生长，可选择适宜中草药品种进行种植。

1. 模式建设原则

西南喀斯特山地丘陵区茶树、药用植物等特色经济作物种植，主要根据区域的生态环境本底特性，选种作物要可以很好适应生态环境本底，并起到改善生态

环境的作用，同时能带来较高经济收益。在实现生态环境修复的同时，增加农户收入，促进农户生计转型发展，最终形成生态修复建设与农户生计转型协同发展的共赢局面。喀斯特山地丘陵区茶树、药用植物等特色经济作物种植模式，适宜于具有较大面积且环境本底相同或相似的喀斯特山地丘陵区、喀斯特峰丛洼地、谷地等不同地貌类型区，可根据不同喀斯特地貌类型区生态环境特性选择适宜的经济作物进行生态修复。

2. 模式主要建设内容

(1)喀斯特山地丘陵区茶树种植。茶树种植模式主要以遵义市凤冈县的富锌富硒有机茶生产建设基地何坝村为实证案例进行简要介绍。凤冈茶叶产业由县政府引导，前期选择少量乡村进行试点建设，在茶树土地选择、栽培、管理等方面提供全程的跟踪技术支持。示范建设后引导农户进行种植，形成连片的较大规模的有机茶园。同时，在茶树种植的基础上，依托茶园为核心景观，种植桂花、桃树等乔木，与茶园形成有机组合，既有利于茶园的宣传，又有利于吸引观光游客，并在一定程度上提升茶叶销量，增加了农户非茶树种植的收入。据对凤冈县何坝镇何坝村种茶农户收入的调查显示，2005 年何坝村 1106 户 4347 人，农户人均纯收入比全县农户平均收入水平高 40%，达到 3008 元[162]。

(2)金银花等耐贫瘠环境药用植物种植。金银花种植模式主要以安龙县德卧镇生态修复建设区金银花种植为案例进行简要介绍。该地地形崎岖破碎，农户耕地分散，金银花的种植主要以农户为基本单位。种植前，首先确定本区域金银花的种植品种及药材品质。金银花品种选择主要由相关政府部门及科研机构进行评选，选择适宜品种。金银花的种苗由政府或乡村统一采购，并就金银花种植、施肥、管理、加工等技术对农户进行培训，培训后组织农户进行种植。由于金银花的种植以产业化经营为目标，因此农户金银花全部用于出售，针对农户在出售方面的困难，在金银花种植之前，由贵州省工商联为代表首先与相关收购公司达成协议，议定最低收购价格对农户金银花进行统一兜底收购，解决农户对销售困难的担忧，保障种植农户的收益，采用"公司+农户或基地"的方式进行产销一体化建设。模式建设经济效益评估显示，安龙县德卧镇种植金银花 2 万余亩，年产金银花干花150 余吨，直接为农民创收 250 余万元[236]，金银花种植取得了良好的经济效益与生态效益。

3. 模式适用范围及关键问题

(1)喀斯特山地丘陵区茶树种植模式适宜性分析。茶树的种植需要一定的环境条件，需要具备适宜的土壤条件和良好的排水条件，对温度、湿度、日照时长等也具有一定的要求，主要适宜于具有一定厚度的黄壤、山地黄棕壤的喀斯特山地或丘陵地区种植，海拔一般在 1100 米以上，排水条件良好，地势相对平缓，便于形成规模化种植，方便茶叶采摘与运输。

（2）金银花等耐贫瘠环境药用植物种植适宜性分析。金银花对西南喀斯特山地丘陵区多样化的生态环境具有广泛的适应性，同时金银花也是大众常用中药材，具有较大的市场需求。以金银花为代表的常用中药材种植模式可以在西南喀斯特山地丘陵区的大部分荒山荒坡及土地石漠化地区进行推广建设，但种植过程中需要注意根据金银花市场需求变化及不同区域的土地适应性状况选择适宜品种，可结合其他适宜于喀斯特山地丘陵区种植的其他地道中药材品种，如石斛、杜仲、黄檗等，把中药材种植生产作为西南喀斯特山地丘陵区生态修复建设、乡村经济及农户生计转型发展的新驱动力来大力扶植发展。

6.1.5　喀斯特城郊区特色蔬菜-花卉-乳制品产业发展模式

随着西南喀斯特地区经济社会的迅速发展及城镇化水平的提高，城镇居民收入水平迅速提高，对生活品质的要求不断提高，对食品品质、家居生活环境品质的要求不断提高，这就为城郊乡村发展特色蔬菜、花卉、乳制品等高附加值农业生产提供了市场需求。

1. 模式建设原则

西南喀斯特城郊地区一般具有较好的耕地资源及良好的交通条件，同时距离城镇市场较近，农户思想观念开放，易于接受新事物，有利于特色蔬菜、花卉和乳制品等高附加值农产品生产。城郊乡村高附加值农产品生产，必须实现土地资源的高效利用。特色蔬菜、花卉和乳制品产业发展中单一农户由于前期资金投入较大、管理要求高等原因限制，生产规模较小，劳动生产效率较低，并且分散的农户生产在产品质量方面难以管理，同时缺乏相应的运输、仓储、初加工等基础设施。因此，喀斯特城郊特色蔬菜、花卉和乳制品产业发展应遵循以下原则。①珍惜耕地资源，充分提高单位耕地产出率。②以城镇市场需求为导向，在突出经济效益的同时，兼顾生态环境效益，尤其是重视农产品生产过程中对土壤及水环境的保护。③以农户为基础，发展企业式农场经营、农户经营联合体、家庭农场股份制农业合作社等多种组织经营方式。

2. 模式主要建设内容

喀斯特城郊区乡村特色蔬菜、花卉和乳制品产业发展需要重视产品的生产环节、流通环节及销售环节三个重要环节，从而实现蔬菜、花卉和乳制品的生产运输销售，使农户获得实在的收入。在生产环节，为保障一年四季可以提供优质蔬菜、花卉等产品，通过建设日光温室大棚来实现蔬菜、花卉等农产品的常年生产及反季节上市。日光温室大棚建设需根据区域气候条件，包括无霜期、日照时数等进行专业规划设计，统一建设；同时针对作物生长需要对大棚土壤进行适度改良，以提高生产效率；乳牛的养殖主要通过圈养来实现，在场地建设方面都需要进行统一规划建设。在流通环节，主要解决蔬菜、花卉及乳制品等的保鲜仓储和运输，以及部分多余产品的库存等问题，需要购置专用的冷柜车，建设专用的冷库进行储存，这些业务主要通过建设专业公司实现，但需要根据乡村生产规模确定相应的建设规模。在销售环节，蔬菜、花卉和乳制品等农产品不适于长时间保存，因此需要保持畅通的销售渠道，可以通过与城镇相关超市、社区菜市场、便利店等签订长期合作关系，保证产品的销售，也可以在城镇设立自己的销售点，分销与自销两者相结合保障农产品的及时销售。

以上建设内容都需要大量的资金和土地，前期建设资金可以通过政府招商引资和农户出资相结合的多种方式筹集；土地主要通过农户土地流转实现土地的适度规模化经营。农户进行土地流转后可根据自身情况决定是否进入相关企业工作，从而解决农户生计转型发展问题。

3. 模式适宜范围及关键问题

该模式适宜于大中型城市，并且需要具有较大规模的耕地及良好的农田灌溉等农业生产基础设施，以及便利的交通条件。同时，需要当地政府在土地流转、企业用地、税收、资金方面给予支持。

喀斯特城郊区乡村特色蔬菜、花卉和乳制品等产业化发展主要以企业模式运行，因为受市场变化的直接影响，需要农场管理人员具有良好的管理素质，能迅速根据市场变化，调整农场经营模式，以保证农场的收益。农场(企业化)经营需要聘请一定数量的管理、销售及生产技术人才等专业人才，来保障农场(企业化)生产、管理及销售的顺利进行，保障农户收益。

6.1.6　喀斯特旅游资源富集区乡村旅游发展模式

西南喀斯特地区由于经济社会发展落后，自然生态环境相对来讲没有受到大规模人类活动的影响，往往拥有优美的自然风光，尤其是具有鲜明地域特色的喀斯特景观，同时又是我国少数民族聚居区，具有浓郁的特色民族文化，民族文化丰富多样，具有发展多种类型旅游的资源优势。以贵州省为例，贵州省拥有中国六大类 74 种旅游资源中的六大类 42 种旅游资源，旅游资源丰富[237]。

1. 模式建设原则

西南喀斯特地区不同区域具有不同的旅游资源禀赋，在旅游资源富集度、旅游资源质量、旅游资源类型、交通区位条件、旅游客源市场等方面存在显著的地域差异，应根据不同地域的具体特点，因地制宜，做好前期发展规划，并根据自身旅游资源设计各具特色的旅游发展规划和旅游主题。旅游发展规划中要注重单个乡村旅游点的广泛参与性，带动农户生计转型发展，如单个农户可发展农家乐、乡村民宿等，为区域旅游发展提供吃、住、行、游、购、娱等配套服务。

2. 模式主要建设内容

由于西南喀斯特地区不同地域旅游资源类型、规模、质量及区域条件的差异，旅游开发模式并不具有一个统一的模式建设内容。以贵州省贵定县盘江镇音寨村乡村旅游发展为案例进行简要介绍。音寨村首先依托自身优美的喀斯特田园自然风光，利用降水丰富、四季气候宜人的特点，根据地貌地形发展以单个农户为基础的乡村田园观光旅游。在乡村旱地大面积种植油菜，在适宜退耕还林的山地丘陵坡耕地种植梨树、桃树，春天油菜、梨树、桃树等开花时形成了音寨村"金海雪山"的乡村旅游品牌，金海雪山景区已成为国家 AAA 级景区。音寨村在解决乡村旅游可持续发展，乡村旅游深度开发，打造具有旺盛生命力和竞争力的乡村旅游品牌等问题的基础上，根据自身乡村旅游发展目标，制定了一系列的保护措施，主要包括：根据独特的布依族民族文化，结合乡村旅游发展民俗文化旅游，加强乡村传统民族民居建筑保护，严禁破坏乡村整体景观的乱拆滥建，保持乡村特有的民族文化风韵。同时，大力宣传生态环境保护对乡村旅游可持续发展的重要性，从思想上强化农户保护环境的意识，乡村森林覆盖率达 50% 以上，维持了自然喀斯特山地少数民族乡村风光，为乡村旅游及民族文化旅游提供了良好的旅游吸引物。2006 年贵定县以音寨村的"金海雪山"乡村旅游品牌为基础，成功举办了"中国·贵州·贵定金海雪山旅游文化节"，有效地宣传了贵定县乃至贵州省乡村旅游品牌，有力地促进了乡村旅游业的发展，有效地提高了农民收入，促进了农户生态环境保护意识及农户生计多样化发展，实现了生态环境改善与农户生计转型发展的协同。

3. 模式适用范围及关键问题

乡村旅游发展模式主要适宜于旅游资源相对富集的喀斯特乡村或具有特色民族文化的乡村。乡村旅游的发展关键在于对参与农户进行有效的管理，打造乡村旅游特色品牌，提高乡村旅游服务质量，避免短视、盲目、雷同建设与恶性竞争；注重打造乡村旅游特色品牌，重视乡村景观及民族文化受乡村旅游发展商业化、世俗化的影响，保持乡村的乡土性，保障乡村旅游发展的可持续性。

6.1.7　喀斯特山地丘陵区特色民族文化及农业文化景观发展模式

西南喀斯特地区是我国少数民族聚居地之一，云南、贵州两省分别是我国少数民族数量排名第一、第二的省份，其中贵州省拥有 49 个少数民族。崎岖多样的喀斯特地形地貌，加之数量众多的少数民族，形成了众多的民族文化资源富集乡村。以贵州为例，拥有黔东南苗族侗族自治州雷山县西江苗寨、郎德苗寨，贵阳市乌当区偏坡村、黔东南苗族侗族自治州黎平县肇兴侗寨等民族文化富集乡村，其中众多民族文化特色乡村分布于生态修复建设区。西南喀斯特少数民族聚居区由于历史、交通、自然环境等多因素的限制，经济社会发展水平较低，农民收入相对较低。部分乡村都在积极寻求新的发展模式来促进乡村经济发展。在寻求乡村经济新发展模式方面，不仅需要先克服基础设施等方面的限制，还需要兼顾生态修复建设。在部分已发展乡村旅游的村寨，由于民族文化资源开发缺乏前期的详细规划，忽视市场环境变化，过于片面追求经济收益与恶性竞争等，对乡村民族建筑、特有田园景观等实体景观，以及节庆表演等非实体景观造成了一定的破坏，同时在民族文化旅游资源开发中存在破坏生态环境的现象。因此，针对以上问题提出具有一定普遍性的发展原则及模式建设内容，对促进西南喀斯特山地丘陵区特色民族文化及农业文化资源富集区乡村旅游的发展，以及农户生计转型发展均具有重要的参考意义。

1. 模式建设原则

从广义上来讲，民族文化应包括民族特色的农业生产文化与农业生产景观，为更好地实现民族文化及民族农业文化景观的开发，这里将对两者的开发模式、建设原则进行统一叙述。民族文化景观和民族农业文化景观是民族文化和民族农业文化的外在体现，是少数民族在千百年生产生活中，针对区域自然生态环境特性形成的人对自然的态度、人对自然改造的体现，并最终形成了人与自然的和谐可持续发展，凝结了少数民族世代人民的集体智慧，是一种宝贵的文化资源。在实际开发中，由于盲目追求经济效益，迎合旅游者的需求，民族文化资源受到一定程度的破坏，部分地区甚至因为资源破坏，导致民族文化旅游发展衰落，主要原因是在民族文化旅游开发中没有处理好民族文化自身发展与人为保护之间的关系。

模式发展应遵循以下原则：①民族文化开发与民族文化传承保护并举的原则；②人与自然和谐共处，坚持动态保护与可持续发展的原则；③传统文化创新与传统文化传承发展延续并重的原则。在开发中，还要平衡经济效益、生态效益、社会效益。

2. 模式主要内容

民族文化及民族农业文化均是通过民族文化景观和农业生产景观作为载体来体现的。所以民族文化及民族农业文化资源的开发与保护，也就是民族文化景观和农业生产景观的开发与保护。首先，对乡村民族文化资源与民族农业文化资源进行专业评估，并与专业规划部门进行充分沟通，制定详细的民族文化资源旅游策划及开发规划。其次，民族文化旅游及民族特色农业文化旅游中每一个农户都是民族文化旅游资源的载体，农户的日常生产生活是民族文化及民族特色农业文化的主体，要注重文化的传承。

民族文化、民族特色农业文化旅游发展要与乡村旅游相结合，进行整体规划，相互促进，民族文化等可以更好地提升乡村旅游的内涵，提高乡村旅游的竞争力。民族文化、民族特色农业文化旅游在开发过程中缺乏初始启动资金的问题，可以通过政府招商引资，鼓励有富余资金的农户积极参与，并在旅游发展规划中制定针对乡村农户的旅游发展政策，避免农户私自乱搭乱建、盲目开发。同时，随着乡村旅游的发展，将乡村旅游收入中的部分资金设立乡村民族文化、民族特色农业文化旅游发展基金，强化针对乡村交通、排水、网络、垃圾处理等基础设施的建设及部分传统民居的维修、民族非物质文化保护，如神话传说、民族戏剧收集记录等方面的资金支出，促进民族文化资源的保护和民族文化的发展传承。在乡村旅游发展过程中，针对市场宣传、社区参与、农户参与、旅游参与人员培训等方面不断进行完善，狠抓乡村旅游制度建设与管理，树立乡村旅游品牌，促进民族文化旅游资源的可持续利用及乡村文化旅游的可持续发展。

民族特色农业文化景观主要是当地人世代适应改造自然形成的具有文化价值、观赏价值的农业生产景观。民族特色农业生产景观是民族在漫长的发展过程中，人们根据区域环境特点改造自然、自然影响人类的相互过程中形成的，是民族文化与自然环境协调发展的集中体现，如喀斯特丘陵梯田——广西壮族自治区桂林的龙脊梯田、贵州省的加榜梯田等都是高质量的农业文化景观资源，该模式的建设主要是维持具有民族特色的农业生产活动及农业文化景观的可持续发展。

3. 模式适用范围及关键问题

特色民族文化及农业文化景观发展模式主要适宜于少数民族文化资源较集中的地区，并具有特色民族文化、农业文化景观及良好自然风光的乡村。民族文化特色旅游开发中要重视旅游商业化发展对传统民族文化的影响，如民族文化世俗化、民族特色建筑再建与修复等。

民族农业文化景观（主要为梯田）旅游发展模式适用于具有特色农业生产景观，传统农业生产方式保留较好，并且自然风光优美，受现代农业生产方式影响较小的乡村。该模式发展需要维持一定规模的农业生产活动，足以形成民族农业文化景观作为旅游吸引物。此外，需重视劳动力外出务工引起的部分耕地撂荒、弃耕等问题。

从整体上看，乡村旅游的特殊性使其可持续发展依赖乡村特有(乡土景观)吸引力的持续存在。西南喀斯特地区随着乡村生产力的提高，新生产关系的建立发展，乡村社会文化、生活不断地发生变化，并直接反映到乡土景观的改变发展上[238]。

很多传统村落和城镇在长期的演变过程中显示出有机特性，如生长、代谢、繁荣、衰落乃至废弃等，完成这些"生命过程"是人的行为而不是景观自身。随着城镇外来文化的介入，乡土景观势必会发生变化或在旧乡土景观的基础上融合发展而形成新的乡土景观。因此，对乡土景观的保护，必须充分认识乡土景观自身发展变化规律，不能一视同仁地修旧如旧，要有所扬弃，只有这样，才能保持乡土景观的生命力，实现其可持续发展。

4. 西南喀斯特地区乡村民族文化旅游中的乡土景观保护与发展

1) 乡村旅游中的乡土景观

目前，多数学者对乡土景观的研究主要集中在聚落形式、土地利用模式和乡村建筑等方面[239]，专门针对乡村旅游中乡土景观演变的研究较少。乡村旅游视野下的乡土景观一般可分为物质景观和非物质文化两部分。物质景观主要包括田园景观(土地利用模式)、建筑景观、农耕生活景观、乡村聚落景观、居民服饰等，是乡村旅游者欣赏乡村风景、体验乡村气息的直接载体。其中，乡村物质景观中的树篱、田埂、便道等景观元素起到了显著的边界作用，明确了乡村景观空间单元的边界，具有景观上的隔离与保护作用，隔离外界的联系、保护内部要素。相对于物质景观，乡村旅游中的乡村节日习俗、礼仪习俗、婚嫁习俗及信仰等可归为乡村非物质文化，乡村非物质文化是乡村文脉的历史传承，记载了乡村历史及文化的变迁，对乡土景观的演化变迁具有重要的内在影响，是乡土景观的内核。同时，乡村旅游中的乡土景观作为文化符号传播的一类媒介，是具有内在含义的，它记载了地方自然环境、社会经济的历史变迁过程，讲述了动人的故事和土地的归属，包括人与土地、人与人、人与社会的关系[240]，反映了人的价值、兴趣、渴望、信仰等。因此，乡土景观是"世俗化"的景观，是当地普通人生活、信仰的体现，生动反映了当地人的生产生活面貌及发展历史。

乡村旅游中的乡土景观展现了乡村地区人类文明活动与自然环境互动过程中丰富的文化传统，是乡村文化的重要呈现及组成。段义孚指出"文化是想象力的产物，这里指看到本不存在的实物的能力，如米开朗基罗看到一块大理石想象到大卫像"[241]。所以乡土景观是乡村旅游者感受体验乡村文化的直接载体，是承接乡村旅游者乡村意象的实物。同时，乡村旅游者均或多或少带着"文化凝视"的视角来审视乡土景观，而"文化凝视"的过滤又受乡村旅游者不同的经验、文化水平与观察能力的影响，所以旅游者和当地人对乡土景观的理解存在显著的差异。乡村旅游者看到的是自我认知映射下的乡土景观，而当地人看到的是自己日常的生活。所以乡村旅游是旅游者对乡土景观的解构过程，旅游者在解构中理解乡土景观所蕴含的当地人的物质、精神生活，当地人与人、人与自然的适应模式及关联。正如 1976 年路易斯（Lewis）的研究认为"乡土景观是我们不经意中的自传，反映了我们的趣味、价值观及渴望，甚至我们的恐惧"[242]。乡村旅游的兴起与迅速发展正是人们对于同质现代化、城镇化或全球化进程的一种自觉反抗，也正是乡村旅游和乡土景观价值与意义的所在。

2）乡村旅游中的乡土景观演变

目前，乡村旅游的迅速发展已使乡村旅游成为乡村经济可持续发展新的重要替代模式[243]。乡村旅游作为旅游业和农业的最佳组合之一[244]，已成为促进乡村经济发展的重要驱动力。随着乡村旅游的发展及乡村生产生活方式的改变，乡村乡土景观的改变势必存在，且是一个普遍现象，如民居重新翻盖后使用现代建筑材料和采用现代建筑样式，或仅在样式上仿照旧有建筑，即使普通旅游者也可轻易辨认这类景观（图 6-7）。该现象出现的主要原因是村民以效率及经济成本为优先考虑，同时旧房翻修也是农民作为成功者的一种体现。当前农村青壮年劳动力大量外流，耕地撂荒等现象普遍，导致乡村生产生活方式的改变，而作为乡村生产生活体现的乡土景观势必也随之改变。以上现象是否构成了对乡土景观的破坏，应如何对待？实际上，现实中对以上行为普遍暗含着否定态度，但这种否定是否有失公允，是否损害了乡土景观自身的动态演化发展，这些问题均需要进行深入探讨。

(a)翻盖前 (b)翻盖后

图 6-7 贵州省从江县侗族小黄村乡村旅游中乡土景观的变化（拍摄：张凤太）

乡土景观所蕴含的乡村气息正是乡土景观有别于其他文化景观的关键要素，也是乡村旅游发展的基础。正如琼·戈特曼（Jean Gottmann）指出的"一个区域要与它周围区别开来，除了具体的景象之外，还应该包含某种气氛的、信仰的、文化的东西，每一个社区都有它的特有景象，一种和它邻区稍稍不同的标记"[245]。故一般认为乡村中如图 6-7 所示的类似民居翻修等行为是不可取的，但在做出该判断之前首先要进行深入分析。从农户的视角，是否以修旧如旧的方式翻修住房是农户的个人决定，是农户综合考虑的决策结果，其受多种因素的影响，如房子的耐久性、翻修经济成本及自身喜好等。同时，农户对民居建筑实用性的要求也随着生产生活方式及新技术、新材料的出现而不断变化，这些变化也将自然映射到乡土景观的演变过程中，表现为乡土景观的不断变化，这可以看作是乡土景观的自然演化过程。在西方设计界，尊重自然的设计思想已成为现代西方景观规划设计师所推崇的最高标准[246]，而乡土景观的这种演变很好地体现了尊重自然的思想精髓，从这个视角来看，乡土景观的演变是一个自然过程，而以禁锢乡土景观演变这一自然过程的保护都是错误且不可取的行为。乡村旅游者对乡土景观的普遍理解是传统的、地方的，排斥现代化、城镇化及新技术等外来因素，但这种理解是否有悖于乡土景观的发展，是否促使了乡村旅游开发者以保护乡土景观为外在的一种人为禁锢。乡土景观是适应于当地自然环境、社会经济的，是当地人的，是一种融合了生存和生活的自然存在。乡土景观不断变化是它适应自然环境、适应人的需求、适应时代变化的自然体现，是乡土景观机动性和嬗变性特征的体现。因此，坚持修旧如旧的乡土景观保护是对乡土景观自身演变的一种人为禁锢，不利于乡村旅游的可持续发展。

3）乡土景观的保护

乡土景观是乡村旅游可持续发展的核心基础。乡村乡土景观的消失将使乡村失去对旅游者的吸引力，而使乡村旅游不复存在[247, 248]。乡村旅游者以文化凝视的视角解构乡村旅游地的乡土景观，从而理解乡村文化、风俗，因此保护乡土景观是必须的。但现有乡土景观的保护均存在一个潜在预设前提，即乡土景观的保护要保持其原始面貌，进行静态搁置式、"博物馆"式的保护，乡村旅游过程就犹如旅游者参观乡村博物馆一般。这一现象的出现有着显著的现实因素，乡村旅游开发中保持乡土景观的原有面貌，是吸引游客、保证及增加旅游收入的重要基础，也是强调乡土景观保护的重要原因所在。从乡村旅游者和乡村旅游经营者的视角，对乡土景观的保护，如传统民居的现代化改建分别影响了旅游者意象中的乡村和乡村对旅游者的吸引，传统民居现代化改建等活动被认为是对原有乡土景观的破坏，而作为乡村居民来看，民居现代化改建只是自己生活的正常变化，是适应现代化进程的一个自然过程。因此，对乡土景观的保护不能禁锢乡土景观自身随时代发展而产生的动态发展。

　　从乡土景观的本质看，乡土景观作为乡村性的外在表现，是随着乡村的发展而不断变化发展的，其价值因时代背景的不同而呈现出多样性和复杂性，同时对价值的衡量也不能仅以乡村旅游的发展来决定。现有乡土景观的保护理念忽略了对乡土景观发展演变的本质认识，是有损于乡土景观和乡村旅游发展的。随着社会经济发展和城乡间各类资源要素交流的加强，尤其是乡村年轻人对外来文化的接纳，乡村旅游者所寻求的意象中的"原始乡村景观"将不复存在，乡村及乡土景观正经历着快速的变化，正孕育着新乡村文化及新乡土景观。发展乡村旅游的经济诉求使乡村文化、乡土景观被设计用以吸引游客，并迎合游客对潜在旅游意象的需求，导致乡村文化及乡土景观的主体地位被严重削弱，引起乡村旅游产品雷同化、同质化问题突出。因此，乡村旅游发展中对乡土景观的保护传承要遵循乡土景观作为乡村居民生产生活方式及其文化信仰在地理空间上的再组织这一基本原则。

　　4）乡土景观的可持续发展

　　乡村旅游的可持续发展已成为当前乡村旅游研究的核心议题之一。格拉本等指出旅游的可持续发展可理解为：无论旅游如何发展，都要以不改变和不破坏原住民世代所居的生态环境和生活模式为前提，要为后代留有发展的空间[249]。乡村旅游的特性使其可持续发展依赖乡村特色（乡土景观）吸引力的持续存在[250]。从索尔文化景观的定义看，乡土景观的演变是一个自然发展过程，乡土景观的形成发展是当地人塑造环境、环境塑造人的相互过程的体现，其变化受乡村生产、生活演变的影响，并随着乡村生产力、新生产关系、生产生活方式的变化而变化，并直接映射到乡土景观演变中，这体现了乡土景观具有自发性、随机性与动态性的本质。对于乡村景观的这种变化，生活在其中村民的感受与乡村旅游者的感知显著不同，旅游者"走马观花式"的游览，缺乏与乡村自然环境，以及当地人的深刻联系，旅游者感知到的可能只是乡土景观的改变乃至消失。从乡村旅游经营者的视角，乡村旅游活动是一种经济活动，而非一种文化交流，因此需要满足游客猎奇心理的特色鲜明的乡土景观。所以当地人与乡村旅游者、乡村旅游经营者在对乡土景观的认识上就存在着矛盾，而自驾游、徒步游等新式旅游模式的出现就成为旅游者对这一矛盾的一种自觉适应或是反抗。

　　此外，乡土文化作为一种遵循传统习俗的生活方式，与外部世界存在一定的隔离[238]，从而使其具有有别于城市景观的边界可视性、等级性及统一的秩序，这也是乡村旅游的吸引力所在。很多传统村落和城镇在长期的发展演变中显示出了类似生长、代谢等有机活动的特性，而完成这些"生命过程"的是人的行为而不是景观自身，只有空壳而没有生命行为的景观只是一个空荡荡的博物馆，终究是不会有生命力的[240]。随着现代城市文化影响的不断介入，乡村及乡土景观势必会发生变化，或在融合旧乡土景观的基础上孕育发展出新的乡土景观。因此，乡土景观的可持续发展，应是乡村自身发展的体现，遵循其作为村民生产生活空间、生活方式自然体现的本质，乡村文化的活力及其与现代性、全球化的互动，需要采取全新的形貌或景观，重建新的乡土景观，只有这样才能保持乡土景观的生命力，从而实现其可持续发展。

乡土景观是乡村自然环境、社会经济文化的综合体现，是反映人们适应自然环境、生产生活、价值及信仰的媒介。乡土景观的变化发展在根本上受乡村生产力和生产关系的影响。随着农业生产效率的提高，乡村释放出大量剩余劳动力，而中国工业化城镇化的迅速发展则吸纳了该部分农村剩余劳动力。当前乡村生产力、生产关系已发生显著变化，如土地适度规模化经营引起农业生产景观多样性的降低，并直接反映在乡土景观的变化中。同时，乡土景观作为乡村生产生活空间、生活方式的体现，具有生活化的显著特点，具有暂时性、随机性及适应性的特征。正如杰克逊(Jackson)指出的"乡土景观的空间通常很小，形状不规则，易受到用途、所有权及利用规模变化的显著影响"[238]。因此，乡土景观的演变发展与乡村生产生活转型发展存在着根本联系，所以乡村旅游等发展需要根据乡土景观的变化而变化，单纯的静态搁置、"博物馆式"的保护，将使乡土景观失去乡村性的内核，脱离它所依附的基础，也就失去其活力，使乡土景观成为一种历史遗迹式的存在，成为"死文物"。

6.2　西南喀斯特地区农户尺度生计转型发展导向模式

西南喀斯特山地丘陵区因生态环境脆弱、水土流失和土地石漠化严重，土壤瘠薄，保水保肥能力弱，土地生产力低，乡村又缺乏替代产业带动，喀斯特山地丘陵区低收入农户为求生存，不得不严重依赖自然资源开发(主要是毁林垦荒、采矿、采石等)，从而导致更严重的水土流失和土地石漠化，并陷入"生态脆弱—水土流失/土地石漠化严重—土地生产力降低—收入低且增长缓慢—掠夺式开发以土地资源为主的自然资源—生态更趋恶化/脆弱—旱涝灾害频繁—收入低而不稳定—生计转型失败"的恶性循环。西南喀斯特山地丘陵区乡村农户生计升级转型发展与特殊的喀斯特环境(生态脆弱性-土地石漠化)互为因果。因此，寻求培育不同地域类型喀斯特山地丘陵区农户生计转型发展模式，将有助于打破这一恶性循环过程。

在对贵州省普定县峰丛洼地土地石漠化区农户的访谈调研中发现，农户对于土地石漠化综合治理等生态修复建设是持支持态度的，同时农户也意识到生态环境的治理恢复对于促进农业生产发展的重要性。在农户看来，自身经济条件差，无法进行生态修复治理的持续投入，而政府提供的生态补偿又不足以支撑农户生态修复治理的长期持续投入。现有土地石漠化综合治理等生态修复工程对经济效益重视不足，且生态修复短期内无法获得收益(主要指经果林从栽种到挂果需要一定时间)。此外，农户配置同等劳动力进行农业生产与外出务工收益相比，现有土地石漠化综合治理等生态修复建设收入太低。故农户对土地石漠化综合治理等生态修复建设的积极性较低，或仅为获得政府的生态补偿而进行初期建设，获得生态补偿后或生态补偿结束后就不再进行持续的人力及物力投入，使生态修复工程后续成效不确定性显著提高。因此，针对农户对生态修复治理模式经济收益低和降低生计转型风险的诉求，在借鉴现有生态修复治理模式研究成果的基础上，基于优先保障经济收益并降低农户生计转型风险，同时兼顾生态效益的基本原则，本书提出了以下农户替代性生计发展导向模式。

6.2.1　喀斯特峰丛峰林洼地或峡谷区牲畜-沼-果-林复合发展模式

西南喀斯特峰丛峰林洼地或峡谷区的土地石漠化和水土流失严重，属典型生态脆弱区，区域经济社会发展相对落后，耕地总量少，破碎化程度高，单块耕地面积小，尤其平坝耕地资源缺乏，农业人口占比高。2016 年滇黔桂三省区农村人口为 7120 万人，占总人口的 54.1%，比全国平均值高 11.5%[251]。西南喀斯特峰丛峰林洼地或峡谷区庞大的农业人口基数使农户耕地面积普遍不足，农业生产主要由以农户为单位的小型农业组成，小型农业不能很好地适应发达的市场经济，存在阻碍农业生产技术进步、抵御自然灾害能力不足及生产效率较低等问题[252]。

1. 模式建设原则

喀斯特峰丛峰林洼地或峡谷区的牲畜-沼-果-林复合发展模式建设的主要目的是充分利用喀斯特峰丛峰林洼地、峰丛峰林峡谷地区的水土资源发展畜牧、经果林、生态林等，并充分利用生产过程中产生的有机废物，通过建设沼气池生产沼气为农户提供生活能源，提高资源利用效率，减少农户对柴薪的使用及人畜粪便等对喀斯特地下水的污染。因此，模式建设主要原则是构建科学合理的以沼气池为核心的多层次有机废物高效利用循环体系，可以较好地兼顾生态效益与经济效益。

2. 模式主要建设内容

建设以沼气池为核心的多层次物质循环利用体系(图 6-8)，以畜牧(牛、羊、猪、家禽等)养殖、经果林(包括瓜果、中草药种植)、农业生产(粮食、蔬菜等)及生态林(含水土保持林、水源涵养林、生态经济林)等生产过程产生的有机废物为基础，通过沼气池转化为清洁的沼气能源，并生产清洁有机肥料(杀灭有害病菌等后的沼渣、沼液)供给经果林、生态林及农业生产，提高物质利用效率，减少农户的柴薪使用，促进植被恢复，减少人畜粪便不合理堆放对喀斯特地下水的污染，从而促进生态环境恢复及改善。具体建设内容主要是沼气池的规划设计建造与使用管理。

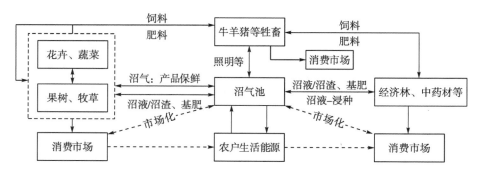

图 6-8　西南喀斯特峰丛峰林洼地或峡谷区牲畜–沼–果–林复合发展模式

3. 模式适用范围及关键问题

喀斯特峰丛峰林洼地或峡谷区的牲畜–沼–果–林复合发展模式适用范围较广，在一般的喀斯特峰丛峰林洼地或峡谷区均具有较好的适用性。该模式运行的关键是建立完善的以沼气池为核心的多物质循环利用体系，并保障足量的有机质废物的输入，保持沼气池的正常运行，同时对沼气池的运行管理需要一定专业技术，应需对农户进行培训。

6.2.2　喀斯特峰丛峰林洼地或谷地区畜–沼–稻–果–鱼复合发展模式

西南喀斯特峰丛峰林洼地或谷地距离城镇较远的偏远乡村，乡村经济以传统水稻、经果林等种植为主，农业生产结构比较单一，乡村中大部分青壮年劳动力外出务工，农业生产维持在一个相对稳定的发展水平，没有充分利用较好的水土资源条件。因此，在传统农业生产的基础上，尝试建设畜–沼–稻–果–鱼复合农业生产发展模式，提高劳动生产效率，增加农户收入，并推动生态修复与农户生计转型的协调发展。

1. 模式建设原则

西南喀斯特峰丛峰林洼地或谷地一般具有较好的水土资源条件，传统农业发展水平较高，并使用一定的农业机械，但畜牧养殖、水稻种植、经果林之间缺乏相互联系，可通过沼气池建设，以提高多层次物质循环利用效率、提高劳动生产效率、增加经济收益为原则，因地制宜地建设"畜-沼-稻-果-鱼"复合农业发展模式。模式建设中应遵循因地制宜、突出优势，提高物质循环利用效率，减少环境污染，突出经济效益与生态效益的基本原则。

2. 模式主要建设内容

水土资源条件较好，距离城镇较远的偏远峰林峰丛洼地和谷地乡村农户建设发展"畜-沼-稻-果-鱼"复合农业发展模式。要根据农户自身农业生产结构，并不需要都具备经果林、生态经济林、喀斯特特色冷水鱼养殖等全部内容，主要是根据农户自身农业生产过程中产生的有机废物量，以及农户经营愿望，因户而异在"畜-沼-稻-果-鱼"复合农业生产基本模式(图6-9)的基础上建设相应的多样化、差异化发展模式。该模式建设前期要根据农户的不同情况，合理设计不同生产过程之间物质循环利用体系，并估算数量，建立一个多物质循环利用链。在此基础上，设计建设沼气池容量。同时，在建设过程中乡村可统一组织，由村委会帮助农户设计沼气池，并协调相关原材料的购买，以及相关农产品的销售，尤其是牲畜养殖、经果林及喀斯特特色冷水鱼养殖的销售，是保证模式经济收益，提高农户积极性的关键。通过以沼气池为核心，建立多物质循环利用体系，提高农业生产的经济效益和竞争力。在一定程度上减少对喀斯特水资源的污染，促进生态环境恢复与农户生计转型的协调发展。

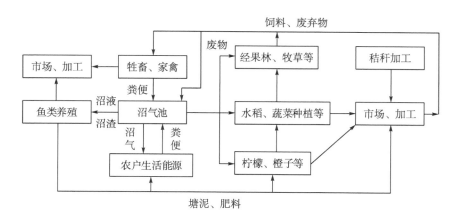

图6-9　西南喀斯特峰丛峰林洼地和谷地"畜-沼-稻-果-鱼"复合发展模式

3. 模式适用范围及关键问题

喀斯特峰丛峰林洼地和谷地"畜-沼-稻-果-鱼"复合发展模式主要适用于水土资源条件较好，已具有一定规模牲畜养殖、经果林种植、喀斯特特色冷水鱼养殖的乡村。总体上，该模式的适用范围较广，具备相应条件的农户、乡村均可以发展。模式建设的关键是建立农作物种植、牲畜养殖等过程间的物质循环利用链，也就是需要农户可以顺利地将牲畜养殖、喀斯特特色冷水鱼养殖等产品顺利出售，并将生产过程中产生的有机废物再利用。此外，也要求农户具备一定的管理技术。

6.2.3   喀斯特平坝传统农耕区猪-沼-稻-酒-果复合发展模式

喀斯特平坝传统农耕区"猪-沼-稻-酒-果"复合发展模式将传统农业种植栽培技术与现代农业种植栽培技术相结合，协调了农业生产与生态环境恢复的协同关系，促进了物质的高效利用，有利于提高农产品的品质，提高农业生产的经济效益。该发展模式主要根据农户自身意愿及自身发展能力选择，因地制宜地进行适应性改造，可选取猪、沼、稻、酒、果中多种生产类型灵活组合发展模式。平坝区是西南喀斯特地区宝贵的优质耕地资源集中区，耕地肥沃，一般具有充足的水源，农业生产效率高。传统农作物种植、猪等牲畜养殖以及淡水鱼类养殖等多种农业生产形式并存，但传统上牲畜养殖、农作物种植，以及鱼类养殖之间缺乏有机联系，不利于物质的循环高效利用。因此，可以尝试将传统的牲畜养殖、农作物种植，以及鱼类养殖进行紧密联系，提高物质利用效率，可减少农户砍伐柴薪对植被的破坏，最终实现增加农户收入、改善生态环境的目的。

1. 模式建设原则

喀斯特平坝区传统牲畜养殖、水稻种植、经果林种植等生产过程是相互分割的，在资源利用效率上有待提高。喀斯特平坝区传统农耕区猪-沼-稻-酒-果复合农业发展模式，通过沼气池建设，可较好地提高物质循环利用效率，提高劳动生产效率及农户经济收益，减少环境破坏及环境污染。模式建设主要遵循以下原则：①提高物质循环利用效率，减少喀斯特水环境污染；②因地制宜，突出经济效益。

2. 模式主要内容

喀斯特平坝传统农耕区猪-沼-稻-酒-果复合农业发展模式，根据物质多级循环利用原理，以物质的多级循环利用为途径，提高资源利用率，模式建设主要内容是建设以沼气为核心的牲畜-沼气-农业种植复合物质循环利用路径，提高物质利用效率，以获得良好的生态和经济效益（图6-10）。该模式建设的核心内容是沼气池的设计建造及使用管理，以及以沼气为核心的养殖-沼气-农业种植多物质循环路径的规划建设与管理。关键技术与方法：沼气池建造使用技术；牲畜养殖技术，包括畜舍建设、牲畜品种选育、防疫、科学饲养管理等；农作物、果树品种选择和栽培技术等。以沼气池建设为例，容积为 8～10 米^3 的沼气池，每年可节约用柴 1.5 吨，仅能源成本就可节省 300 元（以 2003 年价格计算）[253]，柴薪的节省可减少农户对植被的破坏；有机废物经沼气池发酵后的残渣用于肥田，或在具备鱼类养殖条件的乡村进行喀斯特特色冷水鱼的养殖，作为鱼的饲料。黄锡富等研究表明，沼气使用后，农户每户每年可节柴2400千克，相当于少砍伐526.7平方米的森林[254]。该模式具有良好的生态经济效益。

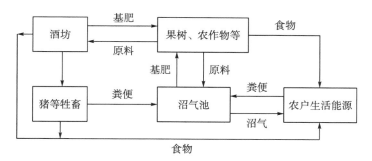

图 6-10　西南喀斯特平坝传统农耕区猪–沼–稻–酒–果复合农业发展模式

3. 模式适用范围及关键问题

喀斯特平坝传统农耕区猪–沼–稻–酒–果复合农业发展模式的适用范围较广，该模式主要适用于水土资源丰富、匹配程度较好的西南喀斯特平坝区，但远离城镇，不具备发展城郊蔬菜、花卉等高附加值农业的偏远乡村。乡村畜牧业、传统种植业等较发达，在生产过程中产生大量的有机废物。远离城镇的喀斯特平坝区乡村通过建设该模式，可以有效提高物质利用效率，提高农业生产效率，减少环境污染，增加农户收入，从而实现农户生计转型发展与生态环境修复的协同发展。模式建设的关键是建立起农作物种植、牲畜养殖等不同农业生产过程间的多物质循环利用链，并具备沼气池运行管理等相关技术。

6.2.4　喀斯特山地丘陵区农户庭院景观民居发展模式

西南喀斯特山区自然环境保护好，环境优美，同时也是我国少数民族聚居区，民族特色文化资源丰富。该区气候湿润温和，是我国酷夏避暑的主要目的地之一。例如，贵阳市被称为中国避暑之都，随着沪昆高铁、贵广高铁、成贵高铁等高铁线路的通车，进出西南喀斯特地区的交通日益便捷。随着大众旅游的兴起，以及自驾游、徒步游、骑行游等新旅游方式的发展，以及全域旅游概念的兴起与乡村旅游的迅速发展，外出旅游的吃、住、行、游、购、娱等不仅仅局限在城镇中，广大乡村农户的庭院民居、农家乐逐渐受到旅游者的青睐。因此，喀斯特山区农户庭院景观民居或农家乐综合发展模式可有效满足该部分的市场需求，具有良好的发展前景。

1. 模式建设原则

喀斯特山区农户庭院景观民居或农家乐综合发展模式建设，由于不是专门针对旅游者提供服务，也就是说农户庭院农业与民居、农家乐建设也要满足农户日常生活需要，尽量减少农户额外的成本支出，又能在需要接待游客的时候提供吃、住、行、游、娱等服务，也就是民居及农家乐经营是农户生计的重要组成部分，而不是主体。同时，农户庭院农业与民居、农家乐的建设要充分体现乡村特有的风土人情、乡土生活的悠闲节奏和与自然充分融合的改造建设原则，提高对游客的吸引力。

基本建设原则：①建筑要充分融合地域自然环境；②充分体现乡村特有的乡土气息，使游客充分感受到不同于城市的乡土田园生活的诗意；③乡土民居建筑要突出实用性。

2. 模式主要建设内容

乡村民居的改造除了利用乡村本土的房屋建设材质、技术、样式建造房屋外，要实现网络、洗浴等生活设施齐备。同时，为使民居能够体现特色的乡土田园文化气息，需要根据庭院环境特点进行景观优化。以实用性为基本原则，农户庭院景观优化可以分为两大类。一是以经果林种植为主的优化；二是以蔬菜花卉为主的景观优化，或是二者的有机组合。

庭院经果林景观优化主要是在民居院落内及周边种植果树或者其他具有观赏及经济价值的果木，同时辅以灌木、流水等，形成富有自然韵味的多层次民居庭院环境。在果树开花及果树果实成熟的季节，又可以为游客提供赏花、采摘等情趣活动，游客也可跟随农户下田参与农田耕作、瓜果采摘等体验劳动。农户可在庭院中栽种柑橘、梨、桃、甜柿、李子等常见果树品种。

蔬果型庭院景观优化建设，主要是搭建棚架，种植葡萄、丝瓜、山药、角豆等藤本植物，并种植部分月季、文竹、蔷薇等多年生或一年生草本或木本花卉、桃树、梨树、桂花树等乔木，并在棚架下安置纳凉桌椅、茶几等生活用品，游客可以在此纳凉、品茶、品尝农家饭等，既美化了庭院环境，又利于吸引游客，也可为农户家庭使用。

3. 模式主要适用范围及关键问题

喀斯特山区农户庭院景观民居与农家乐模式主要适用于旅游资源丰富，乡村旅游、自驾旅游游客较多，以及全域旅游发展水平较高的喀斯特乡村，或是位于较大风景名胜区周边的乡村，乡村需要具有良好的交通条件及优美的自然风光。模式建设发展的关键是农户庭院民居与农家乐的建设要尽可能不增加农户的额外支出，同时又是农户日常生活的有机组成，兼具较高的旅游休闲吸引力。农户庭院民居与农家乐的建设要突出乡村田园气息，以增加对游客的吸引。

6.2.5　喀斯特山地丘陵区经果林-养殖-经济作物复合农业发展模式

西南喀斯特地区山地丘陵广布，各地域之间资源条件存在显著差异，但总体上平坝耕地缺乏、坡耕地占比大，并且山地生态环境敏感，不合理的农业耕作、放牧等极易造成植被退化，进而引起水土流失，乃至土地石漠化。因此，充分利用西南喀斯特地区丰富的山地资源就成为喀斯特山区乡村经济发展及农户生计转型发展的重要举措。

1. 模式建设原则

喀斯特山地丘陵区地形地貌复杂崎岖，土层浅薄，强烈的喀斯特作用使地表与地下空隙的连通度要显著高于喀斯特平坝地区，遇强降水可迅速形成地表径流，并通过裂隙、落水洞等进入地下，导致工程性缺水问题突出。同时，喀斯特山地丘陵区土层浅薄，土壤含水能力较弱，植被生长缓慢。因此，喀斯特山地丘陵区经果林-养殖-经济作物复合农业模式建设要遵循以下主要原则。

主要基本原则：①防止山地土壤侵蚀与水土流失，提高喀斯特山地丘陵区地表涵养水源的能力，以维持改善山地生态环境为首要原则；②在突出生态效益的同时，兼顾经济效益；③山地丘陵区经果林、牧草种植及中草药等经济作物种植等多种种植模式相结合的复合发展原则。

2. 模式主要建设内容

西南喀斯特山地丘陵区地形崎岖破碎，自然生境和小气候环境丰富多样。根据喀斯特小流域具有相对独立、完整生境的唯一性原理，按因地制宜、突出特色的原则发展以经果林-养殖-经济作物种植为主的复合农业，可提高农业的经济效益。例如，广西马山县弄拉土地石漠化综合治理示范区的经果林与林下草药套种已取得了良好的经济效益[160]。模式建设的核心内容是寻求适应乡村自身条件的经果林-特色农作物种植或养殖复合发展模式(图6-11)，特色经济林如任豆、银合欢、女贞、苏木、伊桐等；经济农作物如辣椒、砂仁等；中草药如耐贫瘠的金银花、扶芳藤、射干、红丝线等，并结合适宜的猪、羊、牛、山鸡等家畜家禽养殖，探索建设适合乡村自身发展条件，以山地经果林-养殖-经济作物种植为主的综合农业发展模式。类似模式还有贵州省贞丰县北盘江-顶坛土地石漠化片区的花椒-养猪-沼气生态农业模式，该模式建设发展也取得了显著的生态和经济效益，并有效抑制了土壤侵蚀与水土流失，其经济效益显著高于传统农业种植模式。苏维词等在贵州省关岭布依族苗族自治县花江大峡谷土地石漠化区的对比研究表明，每公顷土地种植花椒的收入是传统种植玉米收入的 6 倍以上[255]。在关键技术方面，农户在农业生产过程中要着重掌握果树、中草药的栽培管理技术，包括果树修剪、病虫防治等主要生产技术，并掌握中草药、花椒、水果的初步加工储藏技术等，以及牲畜的防疫技术。

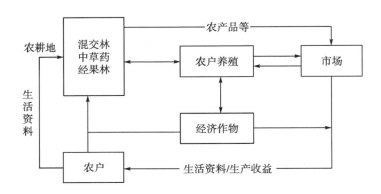

图 6-11　西南喀斯特山地丘陵区经果林-养殖-经济作物复合农业发展模式

3. 模式适用范围及关键问题

喀斯特山地丘陵区经果林-养殖-经济作物复合农业发展模式适用范围较广，一般主要适宜于有经果林、养殖、经济作物种植的喀斯特山区、丘陵区及平坝区等。

该模式对农户的经营管理水平有一定要求。前期投入主要是经果林、中草药苗木及家畜种苗的购买，以及饲料、防疫及管理等投入。该模式收益相对稳定，受市场影响较商品化农业模式要低，适宜于大部分喀斯特山区农户发展，尤其是耕地资源缺乏的地区，可以较好地提高农户经济效益。蒋忠诚等在广西七百弄土地石漠化综合治理示范区的研究表明，利用无法耕种的石隙地种植金银花、扶芳藤等药用植物，其每亩收益分别可达 300 元(按 2002 年价格计算)、1000 元(按照 2005 年价格计算)，且具有收益见效快、栽培管理技术简单易掌握等优点[160]，适宜于难以耕种的石漠化石隙地。

6.2.6　喀斯特山地丘陵区特色有机畜牧禽养殖复合发展模式

西南喀斯特地区山地丘陵面积占比大，平坝耕地面积占比严重不足。面积大的喀斯特山地丘陵地区，其中部分地区由于地形地貌、土壤流失等限制，不适宜乔木、灌木等植物生长，而适宜于牧草种植，适宜特色有机畜牧产业的建设发展。

1. 模式建设原则

西南喀斯特地区，尤其是喀斯特山地丘陵地区，水土资源匹配度差，生态环境承载力低，部分地区不适宜乔木、灌木等植物生长，可发展牧草种植，发展特色有机畜牧产业。特色有机畜牧产业要以区域生态环境承载力为前提，合理规划，科学布局，在发展特色有机畜牧产业的同时，结合西南喀斯特山地丘陵区的特色自然资源，发展喀斯特景观石、盆景石开发等低技术含量、投入少，见效较快，市场风险低的农户生计发展辅助模式。由于特色有机畜牧产业的发展、规模主要取决于区域牧草地的承载力。因此，该模式建设应遵循以下基本原则：①以区域生态环境承载力为基础，以生态环境改善或稳定为首要原则，生态保护优先；②注重多种经营模式的有机组合，牲畜养殖以散养和圈养相结合，并结合发展喀斯特景观石、盆景石开发，提高农户综合收益；③牲畜养殖与农作物秸秆综合利用相结合，提高资源利用效率。

2. 模式主要内容

西南喀斯特地区地处亚热带湿润区，降水丰富，部分山地丘陵区适宜牧草生长，同时牧草的生产很好地实现了水土保持并提高了土壤有机质含量，加速土壤形成，可以依托较大面积的喀斯特山地丘陵草地资源发展特色牲畜养殖等，如饲养波尔山羊、草鸡等。大型牲畜养殖可以散养与圈养相结合，主要根据草地的承载力来确定；草鸡等禽类的养殖以散养为主。牲畜圈养产生的粪便等作为草地肥料。草地牲畜养殖可与经果林建设相结合，经果林产生的落果等可以作为牲畜的饲料，牲畜粪便发酵后也可以作为果树的肥料。草鸡等禽类在林下散养，有助于减少果园及草地病虫害。因此，喀斯特山地丘陵区适合发展以牲畜养殖为主体，经果林、林下养殖等多种模式组合的复合发展模式。同时，为进一步提高草地的畜牧承载力，可因地制宜引进优良牧草品种改良草地，如柱花草、白三叶草、紫花苜蓿等优质牧草品种。

西南喀斯特山地丘陵区特色有机畜牧禽产业复合发展模式的前期投入主要是牲畜的购买及牲畜圈舍的建设投入。发展过程中牲畜防疫及饲养技术是该模式建设的关键技术，尤其是牲畜防疫技术，需要对农户进行专业培训或由政府提供相应的牲畜防疫工作，不然牲畜禽病死将对农户造成巨大损失。在牲畜禽饲养方面，除充分利用牧草资源之外，农作物的秸秆等都可作为牲畜禽的补充饲料，进行定时定量、多次投喂的饲养管理模式，提高牲畜的生长速度及饲料利用率，提高牲畜禽饲养的经济效益与生态效益。

3. 模式适用范围及关键问题

西南喀斯特山地丘陵区牲畜禽养殖复合发展模式主要适用于山地丘陵草地资源丰富的乡村。西南喀斯特山地丘陵区乡村农户一般收入水平较低，在牲畜禽的购买上面临一定的困难，同时由于耕地资源相对更少，乡村外出务工人员比例较高，对牲畜禽养殖发展造成一定的影响。尤其是牲畜禽防疫问题，防疫问题是牲畜禽养殖模式发展的关键问题。

6.2.7　生态移民安置及后续重建生计发展模式

西南喀斯特乡村地区是我国乡村经济社会发展相对落后的集中分布区之一，如武陵山区、乌蒙山区、滇桂黔土地石漠化区。不少地区生态环境恶劣，已不具备对乡村、农户生计可持续发展的支撑能力，进行生态移民建设就成为解决该类地区乡村、农户生计发展的主要对策。以贵州省为例，为解决生态环境恶劣地区乡村、农户生计发展的根本问题，制定了《贵州省扶贫生态移民工程规划(2012—2020年)》《贵州省易地扶贫搬迁工程实施规划(2016—2020年)》等规划，着重解决贵州省喀斯特地区重度土地石漠化地区、主要生态环境保护区等重要地区的乡村、农户生计转型发展问题，开展相应的生态移民。《贵州省2015年扶贫生态移民工程实施方案》显示，2015年贵州省计划建设扶贫生态移民住房45987套，计划安置搬迁农户20万人。其中，三大集中连片经济社会欠发达地区41262套、181069人，包括武陵山片区12298套、53662人，乌蒙山片区6965套、31037人，滇桂黔石漠化片区21999套、96370人[256]。

1. 模式建设原则

生态移民安置及后续重建生计发展模式主要针对生态环境恶劣、生态环境条件已不足以支撑乡村、农户生计可持续发展的地区，并且生态修复成本极高或无法进行生态修复的严重生态环境退化区。主要以乡村整体搬迁、整体安置或乡村整体搬迁、分散安置等多种形式解决生态移民安置及移民后续生计重建问题。生态移民易地搬迁安置要充分尊重农户意见，积极听取农户建议。政府要在乡村移民安置地规划建设中充分考虑生态移民的后续生计发展问题，根据"统一规划，集中安置，设施政策配套、持续发展"的原则，妥善解决生态移民的后续生计重建发展等问题。

2. 模式主要建设内容

生态移民安置及后续重建生计发展模式建设内容主要根据移民安置类型的不同而有所不同。乡村整体搬迁安置涉及移民农户住宅的规划建设、移民安置地交通和水电等基础设施建设、移民土地分配等基本问题。移民搬迁分散安置涉及移民分散安置目的地的选择、移民安置乡村相关住房建设、耕地分配标准等问题；移民文化融合等问题；分散安置中的城镇或企业安置主要涉及接收城镇及企业的安排，移民子女的入学、移民再就业安置等基本问题。同时生态移民也可以分散安置到交通条件便利、生活设施完善、就业机会较多的城镇或产业园区、较大规模旅游景区的服务区等。生态移民生计建设的关键是根据农户自身科学文化素质等基本条件，有计划、有针对性地扶植生态移民后续生计重建及其可持续发展，为生态移民生计重建与后续可持续发展提供一系列政策保障支持措施，如技术培训等支持，促进生态移民更好更快地实现生计重建及适应新生活环境。

生态移民生计重建发展模式建设主要根据移民安置地的自然、经济社会环境特点进行建设，如针对移民农户文化水平不高、缺乏相应的其他技能的特点，建设诸如农副产品加工型模式、劳务输出模式等。①农副产品加工型模式，主要依托西南喀斯特地区特色农产品加工，以贵州省喀斯特地区为例，可发展如刺梨、猕猴桃、花椒、辣椒等优质经果林产品与蔬菜的再加工，荞麦饼、民族特色腊肉、雷山酸鱼酱等特色食品加工，从江香猪、特色冷水鱼、娃娃鱼等特色畜鱼养殖、金银花、杜仲、天麻等地道中药材种植、生产加工等，从多层面解决生态移民的后续生计问题。②劳务输出模式，主要针对西南喀斯特地区乡村人口占比大，人均耕地面积少，部分搬迁乡村存在大量的潜在或实际剩余劳动力，进行有计划的劳务输出，解决剩余劳动力自我分散外出务工过程中遇到的就业困难、拖欠工资等损害农民工权益的行为。针对剩余劳动力有计划地输出，可以解决农民工在获取就业信息能力不足、就业保障水平低等方面的问题。同时，通过使外出务工人员学习一定的法律知识、基本工作技术等，提高务工人员的技能及法律素质，有利于维护务工人员的相关权益。此外，通过有计划地建设以"协会主导输出""劳务公司主导输出"等为代表的集中输出模式，保障生态移民就业，并做好乡村留守儿童教育、老人医疗等保障措施，消除外出务工人员的后顾之忧，促进生态移民生计转型发展。

3. 模式适用范围及关键问题

生态移民生计重建发展模式主要适用于生态环境恶劣已不适于乡村发展、农户生存发展的地区以及重要的自然风景或珍稀动植物保护区等需要尽可能降低人类活动干扰的地区。生态移民建设中最关键的问题是如何解决好移民后续生计重建及可持续发展问题，具有较好农业产业化的乡镇适宜发展农副产品加工，乡村剩余劳动力较集中且人地矛盾突出的喀斯特山地丘陵区适宜劳务输出。

农户尺度生计发展导向模式建设，主要针对西南喀斯特生态修复建设区自然生态环境脆弱、农户收入水平低、生计模式单一的基本情况，借鉴现有生态修复治理模式的成功经验，在突出保障生态修复治理模式具有较高经济收益的前提下，保障生态修复效益，尽可能降低农户生计转型发展的市场风险。农户生计转型发展导向模式并不是一成不变的，需要农户或乡村结合自身特点，因地制宜、有序推进，进行有效的适应性改造，使其更好地符合乡村、农户生计转型发展要求。

此外，农户生计转型发展导向模式的应用，可以单独使用也可以组合使用，可以以单个农户、多个农户合作或以乡村为单位进行建设，在建设组织方式上要因地制宜，探索适合自身区域特点的发展组合模式。在组织制度建设方面有一些问题需要进一步研究解决，如水利、交通等公共基础设施建设后续保证其良好运行和维护所需要的"资源"，包括有效管理维护制度、公平使用制度等，提高公共基础设施的综合产出效益。例如农田灌溉中水资源的使用问题，与水源距离不同的农田水资源使用量的确定划分问题等，需要一个有效的集体组织管理制度作为保障，避免个人理性决策导致集体非理性结果的悖论，以保障相关模式的建设与可持续发展。

第七章 生态修复背景下乡村与农户生计转型发展对策研究

7.1 强化政府服务功能，加强对农民新技术等培训

农户掌握新的技术技能，是实现乡村产业发展和农户生计转型发展的重要措施。西南喀斯特生态修复建设区农户受教育水平普遍较低，加强对生态修复建设区农户的职业教育和技能培训是提高农户生计发展能力的重要措施。通过职业教育和技能培训，使西南喀斯特生态修复地区农民掌握一技之长，将大量乡村劳动力转化为区域自我发展的潜在人力资源，将对生态修复建设区生态修复建设及农户生计转型发展起到重要的推动作用。农户生计转型发展不仅需要有一个良好的外部经济社会环境的支持，更需要农户自身发展能力的提高。农户自身综合素质对农户生计转型发展起着决定性的影响作用。政府要针对生态修复建设及其配套的相关产业或就业途径，为农户提供相应职业、技术培训，提高农户生计发展能力。可以选择少数文化素质较高的农民，在农业示范地或学校、科研院所等进行集中统一培训，再由学习人员向村民传授，并免费提供相关技术资料，使农民掌握农业生产新技术、经营管理知识。同时政府利用体制优势，吸引专业技术人才到农业生产中来，确保农户及时得到专业指导。此外，农产品的市场化可引入公司和团体参与，同时乡村可成立公司、农协等，统一组织指导农户生产，安排专业技术人员传授相关新技术，听取农户建议并帮助农户解决生产中的困难，提高相关技术转化效率，提高农民积极性。

7.2 以乡村产业调整为导向，加强生态畜牧业等发展

西南喀斯特生态修复区乡村产业结构较为单一，农户收入低，以传统种植农业为主，需进行乡村产业调整，发展生态农业、乡村旅游、生态畜牧业等，并在产业调整中注重创新，提高资源利用效率，如农作物秸秆再利用、经果林落果、废弃蔬菜等资源化再利用，适当发展圈养型畜牧业。以小流域或几个乡村为单位

成立畜牧业管理中心，按"分散养殖，统一管理"的原则，进行分散化养殖、专业化管理，提高分散养殖的管理水平。管理中心主要负责牲畜良种引进、防疫管理及养殖技术指导等，农户负责养殖。牲畜销售方面，由管理中心负责与经销商洽谈，防止"商大欺农"，利用管理中心的信息、规模优势等保障农户收益。此外，以公共选举加奖励提成的方式对管理中心进行绩效管理，使管理中心工作人员收益与农户收益挂钩，提高管理中心工作人员的工作责任心与工作效率，促进乡村畜牧产业等健康发展。

7.3　提高农业生产组织化经营，鼓励公司和协会团体参与农业生产

西南喀斯特生态修复建设区由于地形地貌影响，耕地面积少且分散，大面积的连片平坝土地少，地块分散，这也直接导致农户农业生产分散，较难形成规模效应。分散的农业发展缺乏组织化经营，也无法形成规模效应，导致农户农业生产效率不高，并增加了农产品商品化成本。同时，在蔬菜、水果等农产品销售方面，单一农户存在销售渠道不通畅、销售难等问题。因此，在生态修复建设区可按"合理规划，突出特色"的原则，以喀斯特小流域为尺度或产业相同或相似的几个乡村为单位，规划建设各具特色的专业化农业生产(乡村)组织，可有效弥补农户分散"小生产"存在的问题。尝试引入专业化管理生产模式，成立以小流域为基础的农业生产团体，提供规划及技术指导，促进农户农业生产。鼓励公司或协会团体参与农业生产组织，提高农户在市场信息获取、生产资料购买、农产品销售等方面的竞争优势，保障农户合理的经济收益。

7.4　坚持规划先行，有序推进，强化典型示范与辐射带动

西南喀斯特生态修复建设区社会经济发展水平相对较低，农户生计资本相对不足，尤其是金融资本。农户在生计转型发展时存在更强的"路径依赖"，对生计转型发展的风险意识强烈。因此，可在西南喀斯特生态修复建设区自然环境和社会经济条件相对较好的地区，选择若干种不同类型的乡村进行典型发展模式的试点建设和示范。示范模式要求相对简单、易操作，具有较好的经济效益、社会效益和生态环境效益，建成示范工程和精品工程，如高效灌溉商品化农业发展模式、喀斯特山地经果林-养殖-经济作物种植综合农业发展模式、山地民族文化特

色旅游发展模式等。相关乡村转型发展或农业生产模式的移植建设，要做好规划先行，根据乡村的资源条件与农户发展条件，有序推进。通过不同的精品工程、示范工程起到示范带头的引领作用与辐射带动作用，从而实现以点带面，整体推进西南喀斯特山地丘陵区农户生计转型发展。

7.5　提高资源整合能力，实施区域旅游带动战略

西南喀斯特生态修复建设区经济社会发展相对落后，但自然生态环境优美、民族文化风情旅游资源丰富，可依托各区域资源特色因地制宜地发展乡村旅游、民宿、休闲农业、体验农业等，带动农户生计多样化、差异化转型发展。西南喀斯特生态修复建设区部分地区旅游资源禀赋类似，应避免相邻地区之间的恶性竞争、重复建设、盲目投入等现象。根据不同地区的旅游资源，坚持规划先行、有序推进的建设原则，在规划制定方面进行资源整合，实现区域乡村旅游等协调发展。

加大旅游资源整合开发力度，促进乡村旅游向多样化和多功能转型发展。首先，政府主导协调，将区域优势旅游资源和景点进行整合，将少数民族文化保护、农业资源开发、乡村人居环境改造、农户生计转型发展与乡村旅游发展相结合，如建设新型旅游度假村、基于特色农产品资源的旅游商品设计、丰富和壮大单纯以风景观光为主导的单一旅游形式；其次，通过合理设计旅游线路，将生态农业旅游、喀斯特洞穴旅游、少数民族民俗文化旅游、周末农耕体验度假旅游、乡村农家乐旅游、地质地貌旅游等多种旅游形式两两或者多项整合，有机融合组成新的旅游线路或旅游组合，促进旅游发展向多样化和多功能化转型发展，达到延伸旅游产业链，并辐射带动相关产业，实现区域乡村与农户生计的转型发展。

加强民族文化旅游专业乡村建设及示范宣传。加强生态修复建设区民族特色旅游专业村建设，针对特色民族文化旅游实行专业化品牌建设。一是引导松散的乡村文化旅游发展模式逐步向民族文化旅游经济专业经营过渡；二是促进民族文化旅游发展与区域乡村发展协同，形成区域特色的乡村民族文化旅游发展模式，提高乡村民族文化旅游的规模效应及竞争力。在乡村民族文化旅游发展中，以民族文化旅游为主导，多种经营模式相结合，逐步在区域内形成一定的基于乡村人居环境改造的特色民族文化旅游专业区，逐步建设具有一定规模的民族文化旅游专业乡村，有助于形成规模吸引力和特色品牌。强调特色发展，改变原有的多而杂、小而全的生产局面，打造具有较高知名度的特色民族文化旅游乡村，通过带头示范及品牌宣传，辐射周边乡村民族文化旅游发展，发挥示范引导作用。

以市场需求为导向，科学规划。以民族文化旅游、乡村旅游市场为导向，运用市场手段发展基于生态修复建设区少数民族地区民居、饮食、服饰、节日等文

化资源的民族文化旅游、乡村旅游。项目实施建设前，进行市场调查，摸清市场需求，根据市场需求制定切实可行的战略目标，建设发展可有效满足市场需求的旅游产品。根据前期充分调查分析，进行科学规划，明确乡村旅游发展的区域定位、功能定位、形象定位。对旅游景区统一建设，以"资源集中利用，突出辐射带动"为原则进行科学规划。项目建设上，要科学规划，有序推进，突出重点，针对资金不足的状况，进行逐次开发，避免一哄而起，盲目重复建设。特别是对于基于民族文化旅游开发的项目，要同时重视旅游开发与生态修复建设、农户生计转型发展的结合，同时注重民族文化的传承与保护，将旅游开发、生态修复建设、农户生计转型发展与乡村经济结构调整优化结合起来，统一规划，因地制宜、灵活实施。

7.6 推进制度创新，尝试建立跨流域生态补偿机制

乡村经济发展受资源和市场的双重影响。西南喀斯特生态修复建设区乡村经济发展要充分发挥市场主体作用，遵循乡村产业结构调整的市场规律，同时充分利用好市场机制对乡村生产要素的配置作用。西南喀斯特生态修复建设区乡村经济发展落后、农民文化水平较低，农户生计相对单一，可由政府牵头，通过规划引导与管理，抓好信息服务，及时提供市场信息，建设农贸市场平台，做好农业技术培训和服务，合理引导农民根据自身特点和市场需求选择生计发展模式。此外，在推进投资驱动乡村经济发展的同时，在制度政策上进行创新，尝试进行多维度的政策创新，如科技政策创新、产业政策创新、财税金融政策创新、贸易和教育政策创新等，促进乡村经济多样化差异化发展。

通过制度创新，尝试建立跨流域生态补偿机制。现阶段生态补偿机制中缺乏流域间的生态补偿。现有生态补偿主要是以政府财政转移支付的形式进行的，对由市场自我调控配置作用导致的人力、资本等生产要素流动所形成的间接生态补偿的相关研究较少。可通过有目的地引导生态服务高消费区(经济发达地区，也是生态补偿支付方)经济发展的溢出效应更多地流向生态服务生产区(经济落后地区，也是生态补偿受偿方)，实现双方互利共生的自我生态服务消费与生态补偿互动机制，促进受偿方和支付方的协调发展，最终实现经济落后的限制开发区域发展成为人口密度适中的人类-生态可持续发展的生态服务供给区，经济发达的优先开发区域发展成为具有良好生态服务供给支撑的高竞争力都市群或大都市区。还可通过政府的搭桥，使生态修复受益方向生态修复建设区域提供一定的公共基础设施建设资金的支持。

7.7　增加资金和科技投入，发展喀斯特山地丘陵区特色产业

西南喀斯特生态修复区社会经济发展水平较低，农户生计发展受多重因素限制，尤其是资金及技术方面的限制作用突出。因此，西南喀斯特生态修复区生态修复建设及农户生计转型发展需要有力的资金和科技投入作为保障。

根据西南喀斯特地区地形地貌对基础设施建设支出的影响，争取国家在资金支持以及政策方面的倾斜力度，争取国家及地方专项资金支持。西南喀斯特地区相关项目的开发主要在资金保障方面存在较大困难，可以依托专项资金的支持首先启动项目的部分运营，通过项目运营过程中的收入，再反复投入资金逐渐完善项目相关设施，并带动农户生计转型发展。

创新资源开发模式，建设混合型股份合作模式，并制定相应的激励政策。项目开发中充分利用各类形式的资金，鼓励农户个人多样化入股，如农户以土地入股、技术入股等，鼓励社会企业、团体协会或集体入股，并按照投入占比制定相应的利润分配制度，吸引社会各类资金投入，广开渠道，多方筹集建设资金。在政策上对生态修复区乡村项目发展进行倾斜，增加对乡村各类发展项目的投入，尤其是对发展乡村旅游、乡村休闲农业、观光农业等项目加大投入。

加强科技投入，增加西南喀斯特生态修复区乡村发展的科技投入力度，尤其是加强对农户生产技术、技能培训、作物新品种等科技投入。西南喀斯特生态修复区乡村经济发展缓慢，农业生产率较低的重要原因之一，就是农作物、牲畜品种老化，农田灌溉等基础设施保障不足，要结合不同地区农业生产条件，因地制宜，有针对性地选育适宜于当地气候、土壤的农作物新品种，集中力量改善农田灌溉基础设施不足等关键问题，促进农业生产发展，提高劳动生产率。此外，加强高品质有机农业生产体系、生态修复重建恢复技术、资源循环利用技术等方面的科研攻关，并及时做好相关研究成果的示范推广。

西南喀斯特地区应重点培育扶植具有鲜明地域特色和地理标识的特色农副产品，如高品质地道中药材、苗医苗药产业、基于少数民族文化的乡村旅游、地域特色食品，如从江县的香猪、有机糯稻，赤水市的竹笋，雷山县的鱼酱酸等西南喀斯特地区特有农副产品，发展特色产业。相关地域以区域特有产品为中心，进行产业化经营，改造升级传统农业生产结构，打造具有地理标识的特有品牌，促进乡村经济升级转型，吸收乡村剩余劳动力，增加农户收入，从而带动生态修复建设，促进农户生计转型发展。

7.8　建设完善"三小"水利等基础设施，改善农业发展基本条件

西南喀斯特地区由于特殊的水文地质条件，地表水难以储存，水资源往往成为限制农业发展的关键因素。同时，经济社会发展水平不高，导致大部分生态修复建设区水利设施管理维护长期缺失，亟待加强。可在对流域水资源现状充分调查分析的基础上，加强农业水利基础设施建设投入。可通过建立西南喀斯特生态修复建设区农业水利基础设施建设专项基金，按"统一规划，适当集中，兼顾周边"的原则，在人口分布密集、农业发展集中区，优先建设较大规模的水利基础设施，在选址时兼顾周边分散的农业生产区域。西南喀斯特山地丘陵区"三小"水利设施(即小水池、小水窖、小山塘)建设具有投资小、见效快、适应性强等特点，可有效适应各种复杂地形，修建在田间地头，可直接减少灌溉设施的投入。同时，农田水利建设要尽可能争取国家资金、政策的倾斜支持，或采取多种灵活政策，如"三小"水利建设可由政府提供建设材料，农户提供劳动力自行建设或农户自行建设，由政府提供补贴等，既减少了政府负担，又有利于农田水利基础设施的合理布局，为生态修复建设及农业发展提供有力支持，促进生态修复建设与农户生计转型发展。

7.9　提高乡村人口科学文化素质，改善乡村交通等基础设施

西南喀斯特生态修复区受自然生态环境、历史文化等因素影响，乡村人口受教育程度较低，科学文化素质相对较低，导致农民对新技术、新发展理念等的学习接受过程缓慢。乡村发展建设资金长期投入不足，乡村交通等基础设施不完善，阻碍了乡村经济发展。西南喀斯特山地丘陵区可耕地面积占比小，尤其是高质量平坝耕地稀缺，人均耕地面积，特别是人均保灌耕地面积大大低于全国平均水平。区域落后的经济社会发展水平使财政收入不足，进而导致乡村基础设施建设常年投入不足，尤其是乡村交通基础设施的建设，便捷的交通是实现西南喀斯特山地丘陵区乡村经济发展及农户生计转型发展首要解决的关键问题。

此外，由于区域人口增长较快，进一步导致区域人地矛盾突出。区域经济社会发展落后，区域教育发展水平低，中学、高等学校入学率低于东部沿海地区，导致区域人口科学文化技术水平较低。因此，针对西南喀斯特山地丘陵区农户受

教育水平低，及农业生产过程和乡村新经济发展过程中存在的问题，有针对性地提供相关新技术、新知识等智力扶持，提高农户科学文化素质，创新人才引进机制，引进一批具有专业知识技术的人才，助力乡村经济发展升级。进一步加强西南喀斯特山地丘陵区交通、通信等基础设施建设，同时建立健全西南喀斯特山地丘陵区乡村社会保障体系，夯实西南喀斯特山地丘陵区生态修复建设、乡村转型发展及农户生计转型发展的基础。

参 考 文 献

[1] 何永彬, 张信宝, 文安邦. 西南喀斯特山地的土壤侵蚀研究探讨[J]. 生态环境学报, 2009, 18(6): 2393-2398.

[2] 杨汉奎, 程仕泽. 贵州茂兰喀斯特森林群落生物量研究[J]. 生态学报, 1991, 11(4): 307-312.

[3] 郭柯, 刘长成, 董鸣. 我国西南喀斯特植物生态适应性与石漠化治理[J]. 植物生态学报. 2011, 35(10): 991-999.

[4] 李阳兵, 王世杰, 王济. 岩溶生态系统的土壤特性及其今后研究方向[J]. 中国岩溶, 2006, 25(4): 285-289.

[5] 韩昭庆. 雍正王朝在贵州的开发对贵州石漠化的影响[J]. 复旦学报(社会科学版), 2006(2): 120-127.

[6] Jiang Z C, Lian Y P, Qin X Q. Rocky desertification in Southwest China: impacts, causes, and restoration[J]. Earth-Science Reviews, 2014, 132: 1-12.

[7] 国家林业局. 2012 年中国石漠化状况公报[R]. 北京, 2012.

[8] 覃小群, 朱明秋, 蒋忠诚. 近年来我国西南岩溶石漠化研究进展[J]. 中国岩溶, 2006, 25(3): 234-238.

[9] 蒋忠诚, 裴建国, 夏日元, 等. 我国"十一五"期间的岩溶研究进展与重要活动[J]. 中国岩溶, 2010, 29(4): 349-354.

[10] 张军以, 戴明宏, 王腊春, 等. 生态功能优先背景下的西南岩溶区石漠化治理问题[J]. 中国岩溶, 2014, 33(4): 464-472.

[11] 何霄嘉, 王磊, 柯兵, 等. 中国喀斯特生态保护与修复研究进展[J]. 生态学报, 2019, 39(18): 6577-6585.

[12] 薛东前, 居尔艾提·吾布力, 刘精慧, 等. 土地利用结构变化对农户生计策略选择的影响——以陕西省黄陵县为例[J]. 陕西师范大学学报(自然科学版), 2021, 49(2): 117-124.

[13] 马志雄, 张银银, 丁士军. 失地农户生计策略多样化研究[J]. 华南农业大学学报(社会科学版), 2016, 15(3): 54-62.

[14] 汤青, 徐勇, 李扬. 黄土高原农户可持续生计评估及未来生计策略——基于陕西延安市和宁夏固原市 1076 户农户调查[J]. 地理科学进展, 2013, 32(2): 161-169.

[15] 李翠珍, 徐建春, 孔祥斌. 大都市郊区农户生计多样化及对土地利用的影响——以北京市大兴区为例[J]. 地理研究, 2012, 31(6): 1039-1049.

[16] 曹敏珍, 郑林, 李鹏, 等. 鄱阳湖滨湖区农户生计变动及其影响因素研究[J]. 江西师范大学学报(自然科学版), 2021, 45(1): 103-110.

[17] 张念如, 续竞秦, 吴伟光. 山区农户耕地利用方式转变研究——基于浙江省四县(市、区)的抽样数据[J]. 湖北农业科学, 2018, 57(1): 131-134.

[18] 刘艳. 岩溶山区农户生计方式与土地环境退化关系研究[M]. 南京: 南京大学出版社, 2017.

[19] 卞莹莹. 不同生计方式农户的土地利用变化与效率分析——以典型生态移民区闽宁镇为例[J]. 农业科学研究, 2013, 34(4): 18-23.

[20] 杨伦, 刘某承, 闵庆文, 等. 农户生计策略转型及对环境的影响研究综述[J]. 生态学报, 2019, 39(21): 8172-8182.

[21] 赵雪雁. 不同生计方式农户的环境感知——以甘南高原为例[J]. 生态学报, 2012, 32(21): 6776-6787.

[22] 王成超, 杨玉盛. 基于农户生计演化的山地生态恢复研究综述[J]. 自然资源学报, 2011, 26(2): 344-352.

[23] Tacoli C. Crisis or adaptation? Migration and climate change in a context of high mobility[J]. Environment and Urbanization, 2009, 21(2): 513-525.

[24] Stern N, Taylor C. Climate change: risk, ethics, and the Stern Review [J]. Science, 2007, 317(5835): 203-204.

[25] 蔡林. 国外的环境移民问题及启示[J]. 生态环境学报, 2012, 21(5): 986-990.

[26] Unfpa, United Nations Population Fund. Facing a changing world: women, population and climate empowering women key to combating climate change[M]. New York: UNFPA, 2009.

[27] Myers N. Environmental refugees: a growing phenomenon of the 21st century[J]. Philosophical Transactions of the Royal Society of London. Series B: Biological Sciences, 2002, 357(1420): 609-613.

[28] Sow P, Adaawen S A, Scheffran J. Migration, social demands and environmental change amongst the Frafra of Northern Ghana and the Biali in Northern Benin[J]. Sustainability, 2014, 6(1): 375-398.

[29] Black R. Environmental refugees : myth or reality? New issues in refugee research[M]. Falmer: University of Sussex, 2001.

[30] El-Hinnawi E. Environmental refugees[R]. Nairobi, Kenya: United Nations Environmental Programme, 1985.

[31] Myers N. Environmental refugees[J]. Population and Environment: A journal of Interdisciplinary Studies, 1997, 19(2): 167-182.

[32] Reuveny R. Climate change-induced migration and violent conflict[J]. Political Geography, 2007, 26(6): 656-673.

[33] Reuveny R. Ecomigration and violent conflict: case studies and public policy implications[J]. Human Ecology, 2008, 36(1): 1-13.

[34] 郭剑平, 施国庆. 环境难民还是环境移民——国内外环境移民称谓和定义研究综述[J]. 南京社会科学, 2010(11): 93-98.

[35] 张军以, 王腊春, 苏维词. 环境移民可持续生计研究进展[J]. 生态环境学报, 2015, 24(6): 1085-1092.

[36] Chambers R, Conway G. Sustainable rural livelihoods: practical concepts for the 21st century[M]. Brighton: University of Sussex ,Institute of Development Studies, 1992.

[37] Sen A. Poverty and famines: an essay on entitlement and deprivation[M]. New York: Oxford University Press, 1981.

[38] Shackleton C M, Shackleton S E, Buiten E, et al. The importance of dry woodlands and forests in rural livelihoods and poverty alleviation in South Africa[J]. Forest Policy and Economics, 2007, 9(5): 558-577.

[39] Soltani A, Angelsen A, Eid T, et al. Poverty, sustainability, and household livelihood strategies in Zagros, Iran[J]. Ecological Economics, 2012, 79: 60-70.

[40] McLeman R, Smit B. Migration as an adaptation to climate Change[J]. Climatic Change, 2006(76): 31-53.

[41] Adamo S B. Environmental migration and cities in the context of global environmental change[J]. Current Opinion in Environmental Sustainability, 2010, 2(3): 161-165.

[42] Morrissey J W. Understanding the relationship between environmental change and migration: the development of an effects framework based on the case of northern Ethiopia[J]. Global Environmental Change, 2013, 23(6): 1501-1510.

[43] Raleigh C. The search for safety: the effects of conflict, poverty and ecological influences on migration in the developing world[J]. Global Environmental Change, 2011, 21: S82-S93.

[44] Sakdapolrak P, Promburom P, Reif A. Why successful in situ adaptation with environmental stress does not prevent people from migrating? Empirical evidence from Northern Thailand[J]. Climate and development, 2014, 6(1): 38-45.

[45] UNHCR. UNHCR global trends 2013[Z]. United Nations High Commissioner for Refugees, 2014.

[46] Paavola J. Livelihoods, vulnerability and adaptation to climate change in Morogoro, Tanzania[J]. Environmental Science & Policy, 2008, 11(7): 642-654.

[47] Scoones I. Livelihoods perspectives and rural development[J]. The Journal of Peasant Studies, 2009, 36(1): 171-196.

[48] Ferrol-Schulte D, Wolff M, Ferse S, et al. Sustainable livelihoods approach in tropical coastal and marine social - ecological systems: a review[J]. Marine Policy, 2013, 42: 253-258.

[49] Stal M. Flooding and relocation: the zambezi river valley in mozambique[J]. International Migration, 2011, 49: e125-e145.

[50] Ji F, Wu Z H, Huang J P, et al. Evolution of land surface air temperature trend[J]. Nature Climate Change, 2014, 4(6): 462-466.

[51] Gray C, Mueller V. Drought and population mobility in Rural Ethiopia[J]. World Development, 2012, 40(1): 134-145.

[52] Cao S X, Xu C G, Chen L, et al. Attitudes of farmers in China's northern Shaanxi Province towards the land-use changes required under the grain for green project, and implications for the project's success[J]. Land Use Policy, 2009, 26(4): 1182-1194.

[53] Finco M. Poverty-environment trap: a non linear probit model applied to rural areas in the North of Brazil[J]. American-Eurasian Journal Agricultural Environmental and Science, 2009, 5: 533-539.

[54] Duraiappah A K. Poverty and environmental degradation: a review and analysis of the nexus[J]. World Development, 1998, 26(12): 2169-2179.

[55] Swinton S M, Escobar G, Reardon T. Poverty and environment in Latin America: concepts, evidence and policy implications[J]. World Development, 2003, 31(11): 1865-1872.

[56] Reardon T, Vosti S A. Links between rural poverty and the environment in developing countries: asset categories and investment poverty[J]. World development, 1995, 23(9): 1495-1506.

[57] 赵雪雁. 农户对气候变化的感知与适应研究综述[J]. 应用生态学报, 2014, 25(8): 2440-2448.

[58] Jha S, Bacon C M, Philpott S M, et al. A Review of ecosystem services, farmer livelihoods, and value chains in shade coffee agroecosystems[M]. Dordrecht:Springer Netherlands, 2011.

[59] Bouahom B, Douangsavanh L, Rigg J. Building sustainable livelihoods in Laos: untangling farm from non-farm,

progress from distress[J]. Geoforum, 2004, 35(5): 607-619.

[60] Barbier E B. Poverty, development, and environment[J]. Environment and Development Economics, 2010, 15(6): 635-660.

[61] Roncoli C, Ingram K, Kirshen P. The costs and risks of coping with drought: livelihood impacts and farmers' responses in Burkina Faso[J]. Climate Research, 2001, 19: 119-132.

[62] Glavovic B C, Boonzaier S. Confronting coastal poverty: building sustainable coastal livelihoods in South Africa[J]. Ocean & Coastal Management, 2007, 50(1-2): 1-23.

[63] Devkota B, Paudel P, Bhuju D, et al. Climatic variability and impacts on biodiversity at local level: a case study from Kanchanjanga Conservation Area, Nepal[J]. Journal of the Faculty of Agriculture, Kyushu University, 2012, 57: 453-459.

[64] 刘进, 甘淑, 吕杰, 等. 基于GIS和ANN的农户生计脆弱性的空间模拟分析[J]. 山地学报, 2012, 30(5): 622-627.

[65] 张国培, 庄天慧. 自然灾害对农户贫困脆弱性的影响——基于云南省2009年的实证分析[J]. 四川农业大学学报, 2011, 29(1): 136-140.

[66] 许汉石, 乐章. 生计资本、生计风险与农户的生计策略[J]. 农业经济问题, 2012, 33(10): 100-105.

[67] Morand P, Kodio A, Andrew N, et al. Vulnerability and adaptation of African rural populations to hydro-climate change: experience from fishing communities in the Inner Niger Delta (Mali)[J]. Climatic Change, 2012, 115(3-4): 463-483.

[68] Nicolson C, Berman M, West C T, et al. Seasonal climate variation and caribou availability: modeling sequential movement using satellite-relocation data[J]. Ecology and Society, 2013, 18(2): 1-19.

[69] Souksavath B, Maekawa M. The livelihood reconstruction of resettlers from the Nam Ngum 1 hydropower project in Laos[J]. International Journal of Water Resources Development, 2013, 29(1): 59-70.

[70] Baca M, Läderach P, Haggar J, et al. An integrated framework for assessing vulnerability to climate change and developing adaptation strategies for coffee growing families in Mesoamerica[J]. Plos One, 2014, 9(2): e88463.

[71] Rigg J. Land, farming, livelihoods, and poverty: rethinking the links in the Rural South[J]. World Development, 2006, 34(1): 180-202.

[72] Niehof A. The significance of diversification for rural livelihood systems[J]. Food Policy, 2004, 29(4): 321-338.

[73] Rahut D B, Micevska S M. Livelihood diversification strategies in the Himalayas[J]. Australian Journal of Agricultural and Resource Economics, 2012, 56(4): 558-582.

[74] Bebbington A. Capitals and capabilities: a framework for analyzing peasant viability, rural livelihoods and poverty[J]. World Development, 1999, 27(12): 2021-2044.

[75] Cao S X, Zhong B L, Yue H, et al. Development and testing of a sustainable environmental restoration policy on eradicating the poverty trap in China's Changting County[J]. Proceedings of the National Academy of Sciences – PNAS, 2009, 106(26): 10712-10716.

[76] Jha S. Household-specific variables and forest dependency in an Indian hotspot of biodiversity: challenges for sustainable livelihoods[J]. Environment, Development and Sustainability, 2009, 11(6): 1215-1223.

[77] Gray C L, Bilsborrow R E. Consequences of out-migration for land use in rural Ecuador[J]. Land Use Policy, 2014, 36: 182-191.

[78] Bhandari P B. Rural livelihood change? Household capital, community resources and livelihood transition[J]. Journal of Rural Studies, 2013, 32: 126-136.

[79] Victoria V D L, Hummel D. Vulnerability and the role of education in environmentally induced migration in Mali and Senegal[J]. Ecology and society, 2013, 18(4): 14-22.

[80] Bui T M H, Schreinemachers P. Resettling farm households in Northwestern Vietnam: livelihood change and adaptation[J]. International Journal of Water Resources Development, 2011, 27(4): 769-785.

[81] Manatunge J, Takesada N, Miyata S, et al. Livelihood rebuilding of dam-affected communities: case studies from Sri Lanka and Indonesia[J]. International Journal of Water Resources Development, 2009, 25(3): 479-489.

[82] Pouliot M, Treue T, Obiri B D, et al. Deforestation and the limited contribution of forests to rural livelihoods in West Africa: evidence from Burkina Faso and Ghana[J]. AMBIO, 2012, 41(7): 738-750.

[83] 曹世雄. 生态修复项目对自然与社会的影响[J]. 中国人口·资源与环境, 2012, 22(11): 101-108.

[84] 阎建忠, 吴莹莹, 张镱锂, 等. 青藏高原东部样带农牧民生计的多样化[J]. 地理学报, 2009, 64(2): 221-233.

[85] 张丽萍, 张镱锂, 阎建忠, 等. 青藏高原东部山地农牧区生计与耕地利用模式[J]. 地理学报, 2008, 63(4): 377-385.

[86] Arnall A, Thomas D S G, Twyman C, et al. Flooding, resettlement, and change in livelihoods: evidence from rural Mozambique[J]. Disasters, 2013, 37(3): 468-488.

[87] Shackleton C M, Hebinck P, Kaoma H, et al. Low-cost housing developments in South Africa miss the opportunities for household level urban greening[J]. Land Use Policy, 2014, 36: 500-509.

[88] Tan Y, Zuo A, Hugo G. Environment-related resettlement in China: a case study of the Ganzi Tibetan Autonomous Prefecture in Sichuan Province[J]. Asian and Pacific Migration Journal : APMJ, 2013, 22(1): 77-107.

[89] 徐江, 欧阳自远, 程鸿德, 等. 论环境移民[J]. 中国人口·资源与环境, 1996, 6(1): 8-12.

[90] 严登才. 搬迁前后水库移民生计资本的实证对比分析[J]. 现代经济探讨, 2011(6): 59-63.

[91] 李继刚, 毛阳海. 可持续生计分析框架下西藏农牧区贫困人口生计状况分析[J]. 西北人口, 2012, 33(1): 79-84.

[92] 史俊宏, 赵立娟. 迁移与未迁移牧户生计状况比较分析——基于内蒙古牧区牧户的调研[J]. 农业经济问题, 2012, 33(9): 104-109.

[93] 国家林业局. 退耕还林工程生态效益监测国家报告[M]. 北京: 中国林业出版社, 2013.

[94] 曹世雄, 陈莉, 余新晓. 陕北农民对退耕还林的意愿评价[J]. 应用生态学报, 2009, 20(2): 426-434.

[95] Singh N, Gilman J. Making livelihoods more sustainable[J]. International Social Science Journal, 1999, 51(162): 539-545.

[96] Goldman. Sustainable Livelihoods approaches: origins applications to aquatic research and future directions[R]. Hanoi:Conference on Practical Strategies for Poverty Targeted Research, 2000.

[97] 冯琳, 徐建英, 邸敬涵. 三峡生态屏障区农户退耕受偿意愿的调查分析[J]. 中国环境科学, 2013, 33(5): 938-944.

[98] 苏芳，尚海洋，聂华林. 农户参与生态补偿行为意愿影响因素分析[J]. 中国人口·资源与环境, 2011, 21(4):
     119-125.

[99] 张佰林，杨庆媛，苏康传，等. 基于生计视角的异质性农户转户退耕决策研究[J]. 地理科学进展, 2013, 32(2):
     170-180.

[100] 张春丽，佟连军，刘继斌. 湿地退耕还湿与替代生计选择的农民响应研究——以三江自然保护区为例[J]. 自
      然资源学报, 2008, 23(4): 568-574.

[101] Spash C L. Ethics and environmental attitudes with implications for economic valuation[J]. Journal of
      environmental Management, 1997, 50(4): 403-416.

[102] 张丽，赵雪雁，侯成成，等. 生态补偿对农户生计资本的影响——以甘南黄河水源补给区为例[J]. 冰川冻土,
      2012, 34(1): 186-195.

[103] 林波，刘庆，游翔，等. 川西地区退耕还林工程及其对农村经济发展的影响[J]. 山地学报, 2002, 20(4):
      438-444.

[104] 林颖. 陕西省退耕还林工程对农户收入影响机制研究[D]. 咸阳：西北农林科技大学, 2013.

[105] 王欠，方一平. 川西地区退耕还林政策对农民收入的影响[J]. 山地学报, 2013, 31(5): 565-572.

[106] 李桦，姚顺波，郭亚军. 退耕还林对农户经济行为影响分析——以全国退耕还林示范县(吴起县)为例[J]. 中
      国农村经济, 2006(10): 37-42.

[107] 王超，甄霖，杜秉贞，等. 黄土高原典型区退耕还林还草工程实施效果实证分析[J]. 中国生态农业学报, 2014,
      22(7): 850-858.

[108] 谢旭轩，张世秋，朱山涛. 退耕还林对农户可持续生计的影响[J]. 北京大学学报(自然科学版), 2010, 46(3):
      457-464.

[109] 齐月，刘伟玲，张林波，等. 生态补偿对泽库县牧民与移民生计影响的比较[J]. 草业科学, 2014, 31(6):
      1178-1184.

[110] Pagiola S, Arcenas A, Platais G. Can payments for environmental services help reduce poverty? An exploration of
      the issues and the evidence to date from Latin America[J]. World Development, 2005, 33(2): 237-253.

[111] 苏芳，尚海洋. 生态补偿方式对农户生计策略的影响[J]. 干旱区资源与环境, 2013, 27(2): 58-63.

[112] 李海燕，蔡银莺. 生计多样性对农户参与农田生态补偿政策响应状态的影响——以上海闵行区、苏州张家港
      市发达地区为例[J]. 自然资源学报, 2014, 29(10): 1696-1708.

[113] 徐勇，马定国，郭腾云. 黄土高原生态退耕政策实施效果及对农民生计的影响[J]. 水土保持研究, 2006, 13(5):
      255-258.

[114] 赵雪雁，李巍，杨培涛，等. 生计资本对甘南高原农牧民生计活动的影响[J]. 中国人口·资源与环境, 2011,
      21(4): 111-118.

[115] 何仁伟，刘邵权，陈国阶，等. 中国农户可持续生计研究进展及趋向[J]. 地理科学进展, 2013, 32(4): 657-670.

[116] 苏芳，蒲欣冬，徐中民，等. 生计资本与生计策略关系研究——以张掖市甘州区为例[J]. 中国人口·资源与
      环境, 2009, 19(6): 119-125.

[117] Lin Y, Yao S. Impact of the sloping land conversion program on rural household income: an integrated

estimation[J]. Land Use Policy, 2014, 40: 56-63.

[118] Yin R, Liu C, Zhao M, et al. The implementation and impacts of China's largest payment for ecosystem services program as revealed by longitudinal household data[J]. Land Use Policy, 2014, 40: 45-55.

[119] Zbinden S, Lee D R. Paying for environmental services: an analysis of participation in Costa Rica's PSA program[J]. World Development, 2005, 33(2): 255-272.

[120] Uchida E, Xu J T, Rozelle S. Grain for green: cost-effectiveness and sustainability of China's conservation set-aside program [J]. Land Economics, 2005, 8(12): 247-264.

[121] Freier K P, Bruggemann R, Scheffran J, et al. Assessing the predictability of future livelihood strategies of pastoralists in semi-arid Morocco under climate change[J]. Technological Forecasting and Social Change, 2012, 79(2): 371-382.

[122] 何蒲明. 退耕还林与粮食安全的博弈[J]. 林业经济问题, 2006, 26(2): 189-192.

[123] 刘洛, 徐新良, 刘纪远, 等. 1990—2010年中国耕地变化对粮食生产潜力的影响[J]. 地理学报, 2014, 69(12): 1767-1778.

[124] 张玉波, 王梦君, 李俊清, 等. 生态补偿对大熊猫栖息地周边农户生态足迹的影响[J]. 生态学报, 2009, 29(7): 3569-3575.

[125] 赵雪雁, 张丽, 江进德, 等. 生态补偿对农户生计的影响——以甘南黄河水源补给区为例[J]. 地理研究, 2013, 32(3): 531-542.

[126] Groom B, Grosjean P, Kontoleon A, et al. Relaxing rural constraints: a 'win-win' policy for poverty and environment in China?[J]. Oxford Economic Papers, 2010, 62(1): 132-156.

[127] Uchida E, Rozelle S, Xu J. Conservation payments, liquidity constraints, and off - farm labor: impact of the grain - for - green program on rural households in China[J]. American Journal of Agricultural Economics, 2009, 91(1): 70-86.

[128] Zhang J Y, Dai M H, Wang L L, et al. Household livelihood change under the rocky desertification control project in karst areas, Southwest China[J]. Land Use Policy, 2016, 56: 8-15.

[129] 中澳合作项目课题组. 退耕还林效益显现——来自西北地区的调查报告[J]. 绿色中国, 2006(5): 73-75.

[130] 连纲, 郭旭东, 傅伯杰, 等. 基于参与性调查的农户对退耕政策及生态环境的认知与响应[J]. 生态学报, 2005, 25(7): 1741-1747.

[131] Wang C H, Yang Y S, Zhang Y Q. Economic development, rural livelihoods, and ecological restoration: evidence from China[J]. AMBIO, 2011, 40(1): 78-87.

[132] Cao S X, Chen L, Zhu Q K. Remembering the ultimate goal of environmental protection: including protection of impoverished citizens in China's environmental policy[J]. AMBIO, 2010, 39(5-6): 439-442.

[133] Morton J F. The impact of climate change on smallholder and subsistence agriculture[J]. Proceedings of the National Academy of Sciences – PNAS, 2007, 104(50): 19680-19685.

[134] 马岩, 陈利顶, 虎陈霞. 黄土高原地区退耕还林工程的农户响应与影响因素——以甘肃定西大牛流域为例[J]. 地理科学, 2008, 28(1): 34-39.

[135] 赵雪雁. 生态补偿效率研究综述[J]. 生态学报, 2012, 32(6): 1960-1969.

[136] Muradian R, Corbera E, Pascual U, et al. Reconciling theory and practice: an alternative conceptual framework for understanding payments for environmental services[J]. Ecological Economics, 2010, 69(6): 1202-1208.

[137] 唐鸣, 汤勇. 生态公益林建设对山区农村生计的影响分析——基于浙江省 128 个村的调查[J]. 中南民族大学学报(人文社会科学版), 2012, 32(4): 124-129.

[138] Daily G C, 欧阳志云, 郑华, 等. 保障自然资本与人类福祉:中国的创新与影响[J]. 生态学报, 2013, 33(3): 669-685.

[139] 张蕾, 戴广翠, 谢晨, 等. 退耕农户长期生计分析[J]. 林业经济, 2006, 163(2): 12-19.

[140] 杜雪莲, 王世杰. 喀斯特石漠化区小生境特征研究——以贵州清镇王家寨小流域为例[J]. 地球与环境, 2010, 38(3): 255-261.

[141] 苏维词. 滇桂黔石漠化集中连片特困区开发式扶贫的模式与长效机制[J]. 贵州科学, 2012, 30(4): 1-5.

[142] 贵州省统计局. 贵州省统计年鉴 2012[M]. 北京: 中国统计出版社, 2012.

[143] 朱青, 王兆骞, 尹迪信. 贵州坡耕地水土保持措施效益研究[J]. 自然资源学报, 2008, 23(2): 219-229.

[144] 国家统计局. 中国统计年鉴 2012[M]. 北京: 中国统计出版社, 2012.

[145] 张宗义. 贵州农业可持续发展问题研究[J]. 贵州农业科学, 2001, 29(5): 39-43.

[146] 张军连, 周灵霞, 谢俊奇, 等. 我国西部地区水土资源匹配模式与政策研究[J]. 中国生态农业学报, 2004, 12(2): 17-19.

[147] 梁亮, 刘志霄, 张代贵, 等. 喀斯特地区石漠化治理的理论模式探讨[J]. 应用生态学报, 2007, 18(3): 595-600.

[148] 国家林业局防治荒漠化管理中心, 国家林业局中南林业调查规划设计院. 石漠化综合治理模式[M]. 北京: 中国林业出版社, 2012.

[149] 张军以, 戴明宏, 王腊春, 等. 西南喀斯特石漠化治理植物选择与生态适应性[J]. 地球与环境, 2015, 43(3): 269-278.

[150] Devore J, Maerz J. Grass invasion increases top-down pressure on an amphibian via structurally mediated effects on an intraguild predator[J]. Ecology, 2014, 95(7): 1724-1730.

[151] 贾海江, 唐赛春, 李先琨, 等. 三叶鬼针草对岩溶木本植物任豆和香椿的化感作用[J]. 广西科学, 2008, 15(4): 436-440.

[152] 丁四保, 王昱, 卢艳丽, 等. 主体功能区划与区域生态补偿问题研究[M]. 北京: 科学出版社, 2012.

[153] 纳列什·辛格, 乔纳森·吉尔曼. 让生计可持续[J]. 国际社会科学杂志(中文版), 2000(4): 123-128.

[154] 吴孔运, 蒋忠诚, 罗为群. 喀斯特石漠化地区生态恢复重建技术及其成果的价值评估——以广西平果县果化示范区为例[J]. 地球与环境, 2007, 35(2): 159-165.

[155] 王德炉, 喻理飞, 熊康宁. 喀斯特石漠化综合治理效果的初步评价——以花江为例[J]. 山地农业生物学报, 2005, 24(3): 233-238.

[156] 吴鹏, 朱军, 崔迎春, 等. 喀斯特地区石漠化综合治理生态效益指标体系构建及评价——以杠寨小流域为例[J]. 中南林业科技大学学报, 2014, 34(10): 95-101.

[157] 杨小青, 胡宝清, 曹少英. 喀斯特山区石漠化生态治理效益模糊综合评价——以广西都安瑶族自治县为例[J].

生态与农村环境学报, 2008, 24(2): 22-26.

[158] 王恒松, 熊康宁, 刘云. 黔西北典型喀斯特小流域综合治理的生态效益研究[J]. 干旱区资源与环境, 2012, 26(8): 62-68.

[159] 米锋, 李吉跃, 杨家伟. 森林生态效益评价的研究进展[J]. 北京林业大学学报, 2003, 25(5): 77-83.

[160] 蒋忠诚, 李先琨, 胡宝清. 广西喀斯特山区石漠化及其综合治理研究[M]. 北京: 科学出版社, 2011.

[161] 李仕蓉, 张军以. 贵州喀斯特山区农村庭院循环经济发展模式研究[J]. 农业现代化研究, 2012, 33(6): 692-695.

[162] 左太安. 贵州喀斯特石漠化治理模式类型及典型治理模式对比研究[D]. 重庆: 重庆师范大学, 2010.

[163] 熊康宁, 李晋, 龙明忠. 典型喀斯特石漠化治理区水土流失特征与关键问题[J]. 地理学报, 2012, 67(7): 878-888.

[164] Anonymous. Poverty, infectious disease, and environmental degradation as threats to collective security: a UN panel report[J]. Population and Development Review, 2005, 31(3): 595-600.

[165] Ravnborg H M. Poverty and environmental degradation in the Nicaraguan Hillsides[J]. World Development, 2003, 31(11): 1933-1946.

[166] 世界银行. 2000—2001 世界发展报告[M]. 北京: 中国财政经济出版社, 2001.

[167] 唐丽霞, 李小云, 左停. 社会排斥、脆弱性和可持续生计: 贫困的三种分析框架及比较[J]. 贵州社会科学, 2010, 252(12): 4-10.

[168] Henninger N. Mapping and geographic analysis of human welfare and poverty - review and assessment[R]. Washington, D. C.: World Resources Institute, 1998.

[169] 曾群, 魏雁滨. 失业与社会排斥: 一个分析框架[J]. 社会学研究, 2004(3): 11-20.

[170] Djoudi H, Brockhaus M, Locatelli B. Once there was a lake: vulnerability to environmental changes in northern Mali[J]. Regional Environmental Change, 2013, 13(3): 493-508.

[171] Wang S J, Liu Q M, Zhang D F. Karst rocky desertification in southwestern China: geomorphology, landuse, impact and rehabilitation[J]. Land Degradation & Development, 2004, 15(2): 115-121.

[172] Fang Y P, Fan J, Shen M Y, et al. Sensitivity of livelihood strategy to livelihood capital in mountain areas: empirical analysis based on different settlements in the upper reaches of the Minjiang River, China[J]. Ecological Indicators, 2014, 38: 225-235.

[173] Zhen N H, Fu B J, Lü Y H, et al. Changes of livelihood due to land use shifts: a case study of Yanchang County in the Loess Plateau of China[J]. Land Use Policy, 2014, 40: 28-35.

[174] Yao S B, Guo Y J, Huo X X. An empirical analysis of the effects of China's land conversion program on farmers' income growth and labor transfer[M]//Yin R S. An integrated assessment of China's ecological restoration programs. Dordrecht: Springer Netherlands, 2009.

[175] Uchida E, Xu J T, Xu Z G, et al. Are the poor benefiting from China's land conservation program?[J]. Environment and Development Economics, 2007, 12: 593-620.

[176] Hunter L M, Murray S, Riosmena F. Rainfall patterns and U.S. migration from Rural Mexico[J]. International

Migration Review, 2013, 47(4): 874-909.

[177] Mortreux C, Barnett J. Climate change, migration and adaptation in Funafuti, Tuvalu[J]. Global Environmental Change, 2009, 19(1): 105-112.

[178] Salafsky N, Wollenberg E. Linking livelihoods and conservation: a conceptual framework and scale for assessing the integration of human needs and biodiversity[J]. World Development, 2000, 28(8): 1421-1438.

[179] Rodiyati A, Arisoesilaningsih E, Yujiisagia, et al. Responses of (Rottb.) Hassk. and Endl. to varying soil water availability[J]. Environmental and Experimental Botany, 2005, 53(3): 259-269.

[180] 姚小华, 任华东, 李生. 石漠化植被恢复科学研究[M]. 北京: 科学出版社, 2013.

[181] 赵中秋, 蔡运龙, 白中科, 等. 典型喀斯特地区不同土地利用类型土壤水分性能对植物生长及其生态特征的影响[J]. 水土保持研究, 2007, 14(6): 37-39.

[182] 喻理飞, 朱守谦, 叶镜中. 喀斯特森林不同种组的耐旱适应性[J]. 南京林业大学学报(自然科学版), 2002, 26(1): 19-22.

[183] Liu C C, Liu Y G, Guo K, et al. Influence of drought intensity on the response of six woody karst species subjected to successive cycles of drought and rewatering[J]. Physiologia Plantarum, 2010, 139(1): 39-54.

[184] 池永宽, 熊康宁, 张锦华, 等. 喀斯特石漠化地区三种豆科牧草光合与蒸腾特性的研究[J]. 中国草地学报, 2014, 36(4): 116-120.

[185] 张中峰, 尤业明, 黄玉清, 等. 模拟喀斯特生境条件下干旱胁迫对青冈栎苗木的影响[J]. 生态学报, 2012, 32(20): 6318-6325.

[186] 刘锦春, 钟章成, 何跃军. 干旱胁迫及复水对喀斯特地区柏木幼苗活性氧清除系统的影响[J]. 应用生态学报, 2011, 22(11): 2836-2840.

[187] 张中峰, 尤业明, 黄玉清, 等. 模拟岩溶水分供应分层的干旱胁迫对青冈栎光合特性和生长的影响[J]. 生态学杂志, 2012, 31(9): 2197-2202.

[188] 刘长成, 刘玉国, 郭柯. 四种不同生活型植物幼苗对喀斯特生境干旱的生理生态适应性[J]. 植物生态学报, 2011, 35(10): 1070-1082.

[189] 罗绪强, 王程媛, 杨鸿雁, 等. 喀斯特优势植物种干旱和高钙适应性机制研究进展[J]. 中国农学通报, 2012, 28(16): 1-5.

[190] 容丽, 王世杰, 杜雪莲. 喀斯特峡谷区常见植物叶片 C 值与环境因子的关系研究[J]. 环境科学, 2008, 29(10): 2885-2893.

[191] 何跃军, 钟章成, 刘济明, 等. 石灰岩退化生态系统不同恢复阶段土壤酶活性研究[J]. 应用生态学报, 2005, 16(6): 1077-1081.

[192] 罗绪强, 王世杰, 张桂玲, 等. 钙离子浓度对两种蕨类植物光合作用的影响[J]. 生态环境学报, 2013, 22(2): 258-262.

[193] 欧芷阳, 苏志尧, 袁铁象, 等. 土壤肥力及地形因子对桂西南喀斯特山地木本植物群落的影响[J]. 生态学报, 2014, 34(13): 3672-3681.

[194] 秦华军, 何丙辉, 赵旋池, 等. 西南喀斯特山地林下经济模式对土壤渗透性的影响[J]. 中国生态农业学报,

2013, 21(11): 1386-1394.

[195] 廖洪凯, 龙健, 李娟, 等. 喀斯特地区不同植被下小生境土壤矿物组成及有机碳含量空间异质性初步研究[J]. 中国岩溶, 2010, 29(4): 434-439.

[196] 吴家森, 钱进芳, 童志鹏, 等. 山核桃林集约经营过程中土壤有机碳和微生物功能多样性的变化[J]. 应用生态学报, 2014, 25(9): 2486-2492.

[197] 商素云, 李永夫, 姜培坤, 等. 天然灌木林改造成板栗林对土壤碳库和氮库的影响[J]. 应用生态学报, 2012, 23(3): 659-665.

[198] 刘成刚, 薛建辉. 喀斯特石漠化山地不同类型人工林土壤的基本性质和综合评价[J]. 植物生态学报, 2011, 35(10): 1050-1060.

[199] 段文军, 王金叶. 广西喀斯特和红壤地区桉树人工林土壤理化性质对比研究[J]. 生态环境学报, 2013, 22(4): 595-597.

[200] 刘玉杰, 王世杰, 刘秀明, 等. 茂兰保护区小生境土壤微生物活性研究[J]. 地球与环境, 2011, 39(3): 285-291.

[201] 盛茂银, 刘洋, 熊康宁. 中国南方喀斯特石漠化演替过程中土壤理化性质的响应[J]. 生态学报, 2013, 33(19): 6303-6313.

[202] 廖洪凯, 龙健, 李娟, 等. 西南地区喀斯特干热河谷地带不同植被类型下小生境土壤碳氮分布特征[J]. 土壤, 2012, 44(3): 421-428.

[203] 叶岳, 周运超. 喀斯特石漠化小生境对大型土壤动物群落结构的影响[J]. 中国岩溶, 2009, 28(4): 413-418.

[204] 邓晓琪, 王世杰, 容丽. 喀斯特植物的生境利用[J]. 地球与环境, 2012, 40(1): 18-22.

[205] 曹建华, 袁道先. 受地质条件制约的中国西南岩溶生态系统[M]. 北京: 地质出版社, 2005.

[206] 廖洪凯, 李娟, 龙健, 等. 贵州喀斯特山区花椒林小生境类型与土壤环境因子的关系[J]. 农业环境科学学报, 2013, 32(12): 2429-2435.

[207] 张军以. 贵州典型喀斯特峰丛洼地水土资源匹配结构及其利用模式研究[D]. 重庆: 重庆师范大学, 2011.

[208] 蒋忠诚. 中国南方表层岩溶带的特征及形成机理[J]. 热带地理, 1998, 18(4): 322-326.

[209] 张志才, 陈喜, 刘金涛, 等. 喀斯特山体地形对表层岩溶带发育的影响——以陈旗小流域为例[J]. 地球与环境, 2012, 40(2): 137-143.

[210] 覃小群, 蒋忠诚. 表层岩溶带及其水循环的研究进展与发展方向[J]. 中国岩溶, 2005, 24(3): 250-254.

[211] 袁铁象, 张合平, 欧芷阳, 等. 地形对桂西南喀斯特山地森林地表植物多样性及分布格局的影响[J]. 应用生态学报, 2014, 25(10): 2803-2810.

[212] 张伟, 陈洪松, 王克林, 等. 喀斯特峰丛洼地土壤养分空间分异特征及影响因子分析[J]. 中国农业科学, 2006, 39(9): 1828-1835.

[213] Yang X H, Jia Z Q, Ci L J. Assessing effects of afforestation projects in China[J]. Nature (London), 2010, 466(7304): 315.

[214] 张信宝, 王世杰, 曹建华, 等. 西南喀斯特山地水土流失特点及有关石漠化的几个科学问题[J]. 中国岩溶, 2010, 29(3): 274-279.

[215] 喻理飞, 朱守谦, 叶镜中, 等. 退化喀斯特森林自然恢复过程中群落动态研究[J]. 林业科学, 2002, 38(1): 1-7.

[216] 曹坤芳, 付培立, 陈亚军, 等. 热带岩溶植物生理生态适应性对于南方石漠化土地生态重建的启示[J]. 中国科学: 生命科学, 2014, 44(3): 238-247.

[217] 杨世凡, 安裕伦. 生态恢复背景下喀斯特地区植被覆盖的时空变化——以黔中地区为例[J]. 地球与环境, 2014, 42(3): 404-412.

[218] 周文龙, 熊康宁, 龚进宏, 等. 石漠化综合治理对喀斯特高原山地土壤生态系统的影响[J]. 土壤通报, 2011, 42(4): 801-807.

[219] 粮食安全和营养问题高级别专家组. 投资小农农业, 促进粮食安全[R]. 罗马: 世界粮食安全委员会粮食安全和营养高级别专家组报告, 2013.

[220] 卜范达, 韩喜平. "农户经营"内涵的探析[J]. 当代经济研究, 2003(9): 37-41.

[221] 李小建. 农户地理论[M]. 北京: 科学出版社, 2009.

[222] 赵靖伟. 农户生计安全问题研究[D]. 咸阳: 西北农林科技大学, 2011.

[223] 王燕, 孙德亮, 张军以, 等. 贵州乡村生态旅游发展现状及对策[J]. 贵州农业科学, 2013, 41(6): 221-225.

[224] 李秀彬. 农地利用变化假说与相关的环境效应命题[J]. 地球科学进展, 2008, 23(11): 1124-1129.

[225] 苏维词, 张贵平. 地表起伏对区域发展成本影响浅析——以贵州为例[J]. 经济研究导刊, 2012(6): 144-146.

[226] 石敏俊, 王涛. 中国生态脆弱带人地关系行为机制模型及应用[J]. 地理学报, 2005, 60(1): 165-174.

[227] 李小建. 欠发达农区经济发展中的农户行为——以豫西山地丘陵区为例[J]. 地理学报, 2002, 57(4): 459-468.

[228] Li J, Feldman M W, Li S, et al. Rural household income and inequality under the sloping land conversion program in Western China[J]. Proceedings of the National Academy of Sciences, 2011, 108(19): 7721-7726.

[229] 李小建, 周雄飞, 郑纯辉, 等. 欠发达区地理环境对专业村发展的影响研究[J]. 地理学报, 2012, 67(6): 783-792.

[230] 任启鑫. 贵州普定: 农业示范园区"公司+农户"模式助农增收[OL]. [2017-08-25]. http://ex. cssn. cn/dzyx/dzyx_mtgz/201708/t20170825_3621122.shtml.

[231] Wu Y Y, Xi X C, Tang X, et al. Policy distortions, farm size, and the overuse of agricultural chemicals in China[J]. Proceedings of the National Academy of Sciences of the United States of America, 2018, 115(27): 7010.

[232] 陈义媛. 资本主义式家庭农场的兴起与农业经营主体分化的再思考——以水稻生产为例[J]. 开放时代, 2013(4): 137-156.

[233] 六盘水日报. 脱贫攻坚　发起总攻夺取全胜|舍烹村: "三变"是根本的动力[OL]. [2018-07-05]. https: //www.sohu. com/ a/239551494_169540.

[234] 张军以, 王腊春, 苏维词. 西南喀斯特山区峰丛洼地农业生产活动的生态景观效应探讨[J]. 地理科学, 2013, 33(4): 497-504.

[235] 孙德亮, 张军以, 周秋文. 贵州喀斯特山区农村特色经济发展模式探讨[J]. 水土保持研究, 2013, 20(2): 267-271.

[236] 刘刚. 安龙金银花成为山区农民的致富产业[J]. 农村经济与技术, 2000(11): 28.

[237] 蒋焕洲. 贵州旅游资源深度开发对策研究[J]. 国土与自然资源研究, 2012(2): 66-68.

[238] Jackson J B. Discovering the vernacular landscape[M]. New Haven: Yale University Press, 1984.

[239] 汤茂林，金其铭. 文化景观研究的历史和发展趋向[J]. 人文地理, 1998, 13(2): 45-49.

[240] 俞孔坚，王志芳，黄国平. 论乡土景观及其对现代景观设计的意义[J]. 华中建筑, 2005, 23(4): 123-126.

[241] 段义孚. 人文主义地理学之我见[J]. 地理科学进展, 2006, 25(2): 1-7.

[242] Lewis F P. Axioms for reading the landscape: some guides to the American scene[J]. Journal of Architectural Education, 1976, 30(1): 6-9.

[243] Ying T Y, Zhou Y G. Community, governments and external capitals in China's rural cultural tourism: a comparative study of two adjacent villages.[J]. Tourism Management, 2007, 28(1): 96-107.

[244] 卢小丽，成宇行，王立伟. 国内外乡村旅游研究热点——近20年文献回顾[J]. 资源科学, 2014, 36(1): 200-205.

[245] 申秀英，刘沛林，邓运员. 景观"基因图谱"视角的聚落文化景观区系研究[J]. 人文地理, 2006, 90(4): 109-112.

[246] 俞孔坚. 理想景观探源——风水的文化意义[M]. 上海: 商务印书馆, 1998.

[247] 杜江，向萍. 关于乡村旅游可持续发展的思考[J]. 旅游学刊, 1999(1): 15-18.

[248] 张健，董丽媛，华国梅. 我国乡村旅游资源评价研究综述[J]. 中国农业资源与区划, 2017, 38(10): 19-24.

[249] 纳尔逊·拉本，彭兆荣，赵红梅. 旅游人类学家谈中国旅游的可持续发展[J]. 旅游学刊, 2006, 21(1): 54-59.

[250] 李巧玲. 基于自然景观背景的乡村旅游发展模式、问题及对策探析[J]. 中国农业资源与区划, 2016, 37(9): 176-181.

[251] 国家统计局. 中国统计年鉴2018[M]. 北京: 中国统计出版社, 2018.

[252] 张军以，周奉，苏维词，等. 西南喀斯特峰丛洼地区农业现代化转型发展模式研究[J]. 中国农业资源与区划, 2020, 41(5): 57-64.

[253] 郭伦发，王新桂，何金祥，等. 广西岩溶峰丛洼地生态果园的建设及其效应[J]. 亚热带农业研究, 2005, 1(1): 53-57.

[254] 黄锡富，胡宝清. 广西岩溶石漠化地区农业发展模式比较研究[J]. 学术论坛, 2008, 205(2): 128-132.

[255] 苏维词，张中可，滕建珍，等. 发展生态农业是贵州喀斯特(石漠化)山区退耕还林的基本途径[J]. 贵州科学. 2003, 21(1-2): 123-127.

[256] 贵州省人民政府办公厅. 省人民政府办公厅关于印发贵州省2015年扶贫生态移民工程实施方案的通知(黔府办发〔2015〕33号)[Z]. 2015.

附　件

问卷 1(备注：贵州调研使用该问卷)

生态修复建设对农户生计模式变迁影响调查问卷
(单个农户调查问卷)

1. 家庭常住人口数、民族？

A.2~3 人；B.3~4 人；C.4~5 人；D.5 人以上。

民族：A.苗族；B.白族；C.汉族；D.其他(请注明_____)。

2. 生态工程建设对家庭主要务农劳动力数量变化的影响？

建设前在家务农主要劳动力数量_____人。

建设后在家务农主要劳动力数量_____人。

3. 家庭当前主要收入来源？

A.种植业　B.养殖业 C.林果业 D.外出务工　E.国营、私营企业、事业单位人员及教育工作者；F.个体经营者(如个体运输等)；G.其他(请注明_____)。

4. 您觉得现有村寨所在的喀斯特峰丛洼地生态环境质量如何？

A.很好；B.较好；C.一般；D.较差。

5. 您对喀斯特峰丛洼地生态系统功能(如涵养水源，防止水土流失，提供柴薪、木材等)的了解程度？

A.熟悉；B.较了解；C.不了解；D.没听说过。

6. 您认为对喀斯特峰丛洼地区生态环境进行保护重要吗？

A.重要；B.一般重要；C.不重要；D.不了解。

7. 生态修复建设对农户收入的影响？

① 实施生态修复建设前家庭耕地面积_____亩。生态修复建设后是否造成家庭耕地面积减少，是□，否□。

如果是□：家庭耕地减少了_____亩，其中水田_____亩，旱田_____亩。

② 实施生态修复建设前家庭主要收入来源？

A.种植业；B.养殖业；C.外出务工；D.林果业；E. 国营、私营企业、事业单位人员及教育工作者；F.个体经营者(如个体运输等)；G.其他(请注明_____)

实施生态修复建设前家庭年总收入(毛收入)_____元/年。

③ 建设后主要收入来源?

A.种植业;B.养殖业;C.外出务工;D.林果业;E. 国营、私营企业、事业单位人员及教育工作者;F.个体经营者(如个体运输等);G.其他＿＿＿＿＿(请注明＿＿＿＿)。

实施生态修复建设后家庭年总收入(毛收入)＿＿＿＿元/年。

④与实施生态修复建设(如实施封山育林、退耕还林/还草、石漠化综合治理等)前相比家庭主要收入来源途径有变化吗?

A.变化较大;B.变化不大;C.没有变化;D.其他(请注明＿＿＿＿＿)。

8. 您觉得生态修复建设(如实施封山育林、退耕还林/还草、石漠化综合治理等)对农户生计模式(收入来源)的影响程度如何?

A.影响较大;B.影响不大;C.不存在影响;D.不清楚 。

②您认为导致生态建设前后收入变化的主要原因是什么?

A.耕地减少;B.物价上涨;C.政府补贴过低;D.干旱等自然灾害;E.生态保护影响(如禁止放牧、垦荒等);F.其他(请注明＿＿＿＿＿)。

9. 生态修复建设(如退耕还林、石漠化综合治理等)对农业生产的影响?

A.造成耕地减少;B.造成农户收入降低;C.务农劳动力减少;D.其他(请注明＿＿＿＿)。

10. 生态修复建设对农户收入造成影响后,您一般打算采用什么应对方式?

A.外出务工;B.自主创业经营(如个体运输等);C.转向林果业;D.转向养殖业;E.其他(请注明＿＿＿＿＿)。

生态修复建设对农户生计模式变迁影响村寨(组)调查问卷
(针对村干部调查与访谈)

1. 村寨(组)总人口数 ＿＿＿＿＿人,总户数 ＿＿＿＿＿户,男女比例＿＿＿＿＿;成年劳动力数量＿＿＿＿＿人,成年劳动力男女比例＿＿＿＿＿。

2. 村寨(组)生态修复建设(如退耕还林、封山育林、石漠化综合治理等)已实施年限＿＿＿＿＿年。村寨(组)主要地形地貌＿＿＿＿＿＿＿＿(也可自行观察),实施生态修复建设前村寨(组)耕地总面积＿＿＿＿＿亩,人均耕地面积＿＿＿＿＿亩,其中人均水田面积＿＿＿＿＿亩,人均旱田面积＿＿＿＿＿亩。单位水田粮食产量＿＿＿＿＿公斤/亩,单位旱田粮食产量＿＿＿＿＿公斤/亩。

3. 生态修复建设后村寨(组)耕地总面积＿＿＿＿＿亩,人均耕地面积＿＿＿＿＿亩,其中水田面积＿＿＿＿＿/亩,旱田＿＿＿＿＿/亩。单位水田粮食产量＿＿＿＿＿公斤/亩,单位旱田粮食产量＿＿＿＿＿公斤/亩。

4. 耕作制度(复种指数:一年内在同一耕地上种植作物几次):＿＿＿＿＿。

5. 生态修复建设前村寨(组)农户家庭收入主要来源?
A.种植业;B.养殖业;C.林果业;D.外出务工;E.国营、私营企业、事业单位人员及教育工作者;F.个体经营者(如个体运输、商贩等);G.其他(请注明＿＿＿＿＿)

6. 生态修复建设前村寨(组)农户家庭平均收入大约是＿＿＿＿＿元。

7. 生态修复建设后村寨(组)农户家庭收入主要来源?
A.种植业;B.养殖业;C.林果业;D.外出务工;E.国营、私营企业、事业单位人员及教育工作者;F.个体经营者(如个体运输、商贩等);G.其他(请注明＿＿＿＿＿)。

生态修复建设后村寨(组)农户家庭平均收入大约是＿＿＿＿＿元。

8. 村寨(组)实施的生态修复建设(如退耕还林还草、石漠化综合治理、封山育林等)对村寨(组)农业生产、生活造成了什么影响?
A.造成耕地减少;B.造成农户收入降低(或增加);C.务农劳动力减少(或增加);D.柴薪等获取困难(或容易);E.畜牧养殖规模减少(或增加);F.林果业规模减少(或增加)G.其他(请注明＿＿＿＿＿)。

问卷2（备注：云南、广西及重庆调研使用该问卷）

农户家庭生计与生态修复调查问卷

一、被访问者基本信息。

性别 (1.男；2.女)	年龄/岁	教育程度(1.小学；2.初中； 3.高中/中专；4.大专及以上)	目前职业(1.农民；2.工人；3.个体户；4.专业技术人员； 5.私营企业主；6.企事业办事员；7.退休；8.其他)

二、家庭生计

(1)农业生产与非农活动。

101：家庭年收入是多少？

1.10000 元以下；2.10000～20000 元；3.20000～30000 元；4.30000 元以上。

102：家庭收入来源是什么？

1.农业生产； 2.外出打工； 3.自主经营(小生意)； 4.牲畜养殖； 5.其他(请注明_____)。

103. 去年您家庭里从事了以下哪些非农经营活动(多选，如没有则填 0 并跳问到 301 题)？

1.外出务工(零工)；2.交通运输(货运、客运等)；3.建筑工(盖房子)；4.自主经营(农家乐、小生意等)；5.修理服务(汽车、农机具等)；6.其他(请注明_____)。

104. 您家庭从事自主经营(小生意)初始资本的来源包括(按重要性高低排序前三位，无则不填)？

1.家庭积累；2.银行贷款；3.亲友借贷；4.打工；5.民间借贷；6.其他(请注明_____)。

105. 您未来最希望发展的生产或经营意愿是什么(单选)？

1.增加外出打工；2.从事和扩大自主经营(小生意)，如商店等；3.扩大农林业生产；4.牲畜养殖；5.其他(请注明_____)。

(2)打工行为(家庭中如有成员正在打工或有打工经历，请填下表；如没有打工行为，请跳过此表)。

201.您家庭中目前在外打工成员数量？（数量填在后面方框内）	
202.您家庭中打工者目前或最近一次打工的地点是在哪里？1.本县；2.本省；3.外省(市)	
203.目前或最近一次打工所从事的职业是什么？1.工厂工人；2.建筑工；3.矿工；4.销售员；5.娱乐业服务员；6.餐饮服务员；7.美容美发；8.废品收购；9.保洁；10.家政(含保安)；11.司机；12.小生意；13.其他(注明_____)	
204.您家庭打工成员现在一个月挣多少钱？	
205.您家庭打工成员是否接受过与目前从事的工作相关的技能培训？ 1.是；2.否	
206.去年您家庭中打工成员的年工作时间是多久？平均一年打几个月的工？	
207.您家庭外出打工的工作是如何获得的？ 1.同乡介绍；2.自主寻找；3.招工广告	
208.是否存在失业风险(本年)？ 1.是；2.否	

三、生态修复建设基本情况

301. 您所在区域主要实行了什么类型的生态修复工程？

1.土地石漠化综合(水土保持)治理；2.退耕还林还草；3.封山育林；4.水土保持治理(植树造林)；5.其他工程(请注明_____)。

302. 总体上，您对于本区域自然生态保护政策(如退耕还林还草、土地石漠化综合治理等)的态度是什么样的？

1.非常支持；2.支持；3.不大关心(无所谓)；4.不支持；5.非常不支持。

303. 您了解目前政府正在进行的本区域的生态修复建设的情况吗？

1.非常了解；2.了解一些；3.了解较少；4.几乎不了解；5.不了解。

304. 家庭存在生态修复建设导致的退耕地转换情况如何？

1.转成果树等经济林；2.生态林；3.自然撂荒；4.无退耕地(到此结束)。

305.退耕后家里来自退耕地的收入与之前相比，年总收入的变化如何？	1.增加；2.减少；3.基本无变
306.如果国家停止退耕还林还草等生态补偿，您家庭是否会恢复耕种？	1.是；2.不会
307.家庭是否有因退耕后对农业劳动力的需求减少而出现外出务工的情况？	1.有；2.没有
308.您感觉您家庭是否因生态修复建设使农林牧业收入受到损失？	1.是；2.否

309. 您估计生态修复建设引起的农林牧收入的总损失大致为多少元？

1.500元以下；2.500～1000元；3.1000～1500元；4.1500元以上。

310. 现有国家对生态修复(包括退耕还林还草、土地石漠化综合治理等)的生态补偿合理吗？

1.合理；2.不合理，您认为生态补偿标准增加多少是比较合理的(_____元/亩)。

问卷3(备注：湖南、湖北、四川调研使用该问卷)

农户家庭生计与生态修复建设调查问卷

一、被访问者基本信息

性别 (1.男；2.女)	年龄/岁	教育年限	健康状况(1.好； 2.一般；3.不好)	目前职业(1.农民；2.工人；3.专业技术人员；4.私营企业主；5.企事业办事员；6.商业服务业人员；7.个体户；8.退休；9.学生；10.其他)

二、家庭生计

(一)农业生产

201：您家庭(去年)主要种植了什么农作物(多选)？

1.小麦；2.玉米；3.红薯；4.水稻；5.油料(如花生、油菜)；6.果树；7.其他(请注明_____)。

202：您家庭(去年)主要种植了什么经济作物？

1.桐；2.茶；3.漆；4.麻；5.无；6.其他(请注明_____)。

203. 您家庭(去年)养殖了哪些牲畜或其他家禽(多选)？

1.猪；2.牛、马；3.羊；4.鸡、鸭；5.其他(请注明_____)。

204. 您感觉您家庭是否有因生态修复建设或其他原因使农林牧业收入受到损失？

1.是；2.否(跳到206题)。

205. 您估计去年农林牧业收入的总损失大致在多少元？

1. 1000元以下；2. 1000~2000元；3. 2000~3000元；4. 3000元以上。

(二)非农经营

206. 去年您家庭从事了以下哪些非农经营活动(多选，如没有则填0并跳到301题)？

1.住宿餐饮(如农家乐等)；2.商业(小商店、购销等)；3.交通运输(货运、客运等)；4.农产品加工(如碾米、榨油、药材加工等)；5.(汽车、农机具等)修理服务；6.农业服务(如灌溉、机器收割等)；7.工业品加工及手工业；8.文教卫生(如行医、理发、托儿所等)；9.其他(请注明_____)。

207. 您家庭从事非农经营活动的初始资本的来源包括哪些(按重要性高低排序前三位)？

1.家庭积累；2.银行贷款；3.亲友借贷；4.打工；5.民间借贷；6.其他(请注明
_____)。

208. 您未来最希望发展的生产或经营意愿是什么(单选)？

1.从事和扩大生意，如商店、农家乐等；2.扩大农/林业生产；3.增加牲畜养殖；
4.增加外出打工；5.其他(请注明_____)。

三、生态修复建设基本情况

301. 您所在区域主要实行了什么类型的生态修复工程？

1.退耕还林还草；2.封山育林；3.其他工程。

302. 您了解目前政府正在进行的本区域的生态修复工程建设的情况吗？

1.非常了解；2.了解一些；3.了解较少；4.几乎不了解。

303. 总体上，您对于本区域自然生态修复工程(如退耕还林还草、封山育林
等)的态度是什么样的？

1.非常支持；2.支持；3.不大关心(无所谓)；4.不支持。

304. 家庭退耕地转换情况如何？

1.转成果树等经济林；2.生态林；3.自然撂荒；4.无退耕地(到此结束)。

305. 退耕后家庭来自退耕地的收入与之前相比，年总收入的变化？

1.增加；2.减少；3.基本无变化。

306. 如果国家停止退耕还林还草等生态补偿，您家是否会恢复耕种粮食？

1.是；2.不会。

307. 家庭中是否有因退耕后耕地减少而出现了闲置的劳动力？

1.是；2.否。

308. 家庭中是否有因退耕后对农业劳动力的需求减少而出现外出务工的现
象？

1.有；2.没有。

309. 本地实施生态修复建设后，您家庭年收入的变化情况如何？

1.增加；2.减少；3.基本无变化。

310. 现有国家对生态修复工程(包括退耕还林还草、土地石漠化综合治理等)
的生态补偿合理吗？

1.合理；2.不合理，您认为补偿标准是多少比较合理(____元/亩)。